好想住

文艺风的家

厨卫设计与软装搭配

夏然 编著

江苏凤凰科学技术出版社

厨卫是不畏得失的地方

该扔的就扔了
想留下就痛快点
任意恣行而无谓
生之憾事
在于不能尽兴
34℃的热水
晨间 7 点的暖阳
飘飘欲香的阿拉比卡咖啡
半食半世的全麦
静而生心
噪而神乱
凡事默默努力
必有收获
去无序之感
凋落的果实、发黄的叶芽、衰老的肉糜
还有错过的佳肴
去无序之感
凌乱的发髻、疲倦的肤颜、抽搐的经脉
还有匍匐的细尘
食与逝比邻而居
犹如生命的轮回
纵然俯身一跃，必落千古山丘
食之所欲，在于果腹而乐
逝之所欲，在于灰飞烟灭
隅食
有节、有序、可控、可悦
隅逝
需洁、需静、必松、必冥
厨则为食
独食、团聚、狂喜、暗伤
卫则为逝
逝水、逝物、逝情、逝净
不畏得失
终有爱

厨卫进化论

自然的厨卫空间是原始游牧生活早期的映射，火代表厨房、水代表卫浴。正因如此，厨卫才比邻而居。从天然厨房、火塘厨房、灶台厨房、煤炭厨房到现代厨房、整体厨房，这无疑是一个不断探索人类需求的历程。卫浴的历史则更加有趣，早在公元前 4500 年，美索布达米亚的宫殿中就设有陶土浴缸的浴室，到了 18 世纪，欧洲的上流社会非常流行沐浴，因此浴室成了贵族们尽情享受生活的空间之一。1596 年，在英国女王伊丽莎白的宫殿里，诞生了由英国人哈林顿发明的抽水马桶......在中国，沐浴更有着特殊的意义。

公元前 500 年（东周时期）	甲骨文和金文中均有“浴”的记载。
先秦	五日，则燂汤请浴，三日具沐（意思是晚辈每五天用温水为父母洗澡，每三天用温水洗头）。秦阿房宫中有许多沐浴设施和给排水系统。
汉	沐浴分为：沐，濯发也；浴，洒身也；洗，洒足也；澡，洒手也。
南北朝	南朝梁国简文帝萧纲对沐浴格外钟爱，撰写《沐浴经》三卷。
唐	盛行温泉浴，唐玄宗曾经为贵妃杨玉环专门建造华清池，供其享乐；唐朝著名诗人白居易在《长恨歌》中写下了“春寒赐浴华清池，温泉水滑洗凝脂”的名句。
宋元	出现了公共浴室，北宋欧阳修《归田录》卷二中的木马子是我国关于马桶的最早记载。
明清	沐浴在真正意义上进入人们的生活，抽水马桶最早在清末民初传入我国。
19 世纪中叶	坐便器首次出现在上海黄浦江的外国轮船上，之后在上海流行开来。

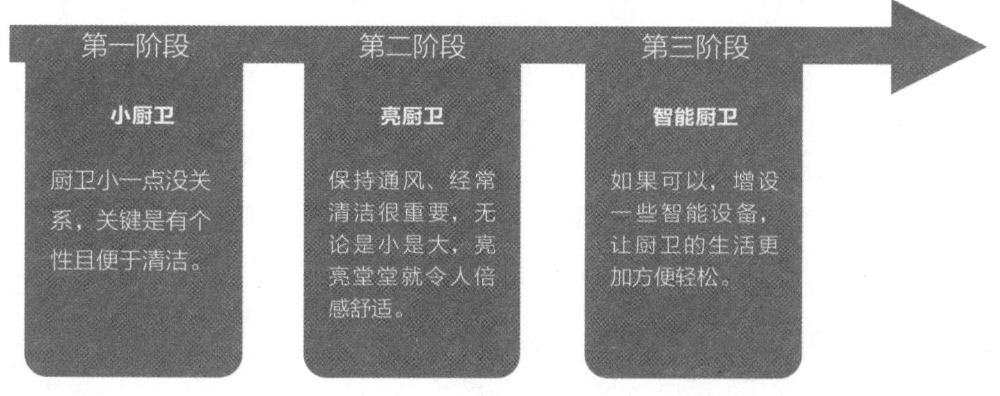

为什么要阅读此书

阅读此书，是为了换一种方式来感受生活。

身边越来越多的人专注于学习各种技能和知识，这不仅来自对未知生活的不安，更受到社会上学习风潮的影响。记得小的时候我们经常想长大了做什么，当今时代的成功学也常常提到你想要什么，早些年很多人的第一反应当然是想赚钱，做什么？当然是想做最赚钱的工作。于是很多人学商科、学计算机，可当一批一批的 IT 从业者或者商科学子从院校步入社会之后，却有些迷失了。

心理学家埃里克森曾经提出一个“八阶段论理”，即人在每个阶段都有必须要完成的事情，如果某个阶段的事情完成得不圆满，那就会影响人生的下个阶段。其中 12 ~ 18 岁是自我同一性与角色混乱的心理冲突时期，即每个人在青春期时都要找到自己的人生目标，并确定未来想要的生活。这里就要说到生活方式，很多时候我们对生活不满意，根本原因是没有找到适合自己的生活方式。很多人经历了暴风骤雨的青春期，以及与周围环境、人的各种冲突，但依然没有找到自己的人生目标，所以迷失，所以混沌……光阴似箭，无序的生活方式就这样沉淀了下来。现在很多人都在讲居住空间的收纳，有必要吗？当然有必要，但有必要如此疯狂吗？

甚至有些观点过于极端，人不是应该随性一些才好吗？可控，但不焦虑；自控，但不强迫。因此，我们要打造一系列“文艺范儿”的居住空间：有收纳，但更有心；懂收纳，但更懂你。如果只是要一个收拾得干干净净的房子，强迫症般地每天打扫得很干净，但却情绪低落，甚至累得爬不起来，那又何必呢？很多人都有这样的感觉，和老人住在一起会很省事儿，他们帮忙收拾家务，但也喜欢唠叨，这种幸福的唠叨会不断“叨扰”你，这时我们需要做的是帮助家人放松身心，用轻松的环境氛围来“释放”这种唠叨，所以收纳整理在根本上是一个放松身心的过程，有时间弄一弄，没空就变通一点，不要勉强自己。

恰恰相反，笔者一直很赞成全家一起做家务。家务绝非某个家庭成员的责任，也不是因为那个人的时间多就必须做更多的家务。当然，对于一个从不做饭的先生，太太或许需要增加一些家庭活动来督促先生进入厨房“这个陌生的空间”，而对于孩子来说，也应该尽可能地为其营造安全和有趣的餐厨环境。对于卫浴空间来说，最起码的通风干燥一定要有，本书中介绍了很多的小窍门，是专属懒人的收纳方式。假设“人之初，性本懒”，那么你可以很慵懒，每天做一点点，不用着急，就算有各种呼吁，也可以慢一点，慢慢感受厨房卫浴的变化。

为什么要专门编写一本有关厨房卫浴的书？因为在所有收纳空间中，厨房卫浴是最繁杂，也是最让人头疼的空间。然而，就是这个最麻烦的空间，包含了人生最大的幸福和温暖。我们在此释放大量的多巴胺，体会生理和心理上的愉悦与舒缓。也许，生活的忙碌让我们无法做到事无巨细，但可以忙里偷闲地吃吃喝喝、睡眼惺忪地洗洗涮涮，甚至糊里糊涂地嘻嘻哈哈。

如果你感觉自己很幸福，就将厨房弄得暖暖的，饭香四溢；如果你感觉自己很幸福，就将浴室弄得香香的，欲罢不能；如果你感觉自己很幸福，就将每一棵菜都洗得干干净净，不留一点泥土；如果你感觉自己很幸福，就将每个角落冲洗得亮亮堂堂，没有一丝灰尘……

为什么要阅读此书？因为想要确认自己的幸福，想要找到住在心里的幸福。

厨房幸福者说：

① 如果我幸福，就会把盘子摆得整整齐齐。

② 如果我幸福，就会把土豆刷得干干净净。

③ 如果我幸福，就会把抹布搓得清清爽爽。

④ 如果我幸福，就会把锅底擦得一尘不染。

⑤ 如果我幸福，就会做一桌好菜。

⑥ 如果我幸福，就会热爱厨房。

卫浴幸福者说：

① 如果我幸福，就会把牙刷轻轻放齐。

② 如果我幸福，就会把毛巾缓缓挂起。

③ 如果我幸福，就会在窗台留一盆花草。

④ 如果我幸福，就会将镜中的自己擦亮。

⑤ 如果我幸福，就会随时清洁卫浴的垃圾。

⑥ 如果我幸福，就会爱上洗澡。

附：埃里克森的“八阶段理论”

婴儿期（0 ~ 1.5 岁）：基本信任对不信任的心理冲突。

儿童期（1.5 ~ 3 岁）：自主对害羞（或怀疑）的心理冲突。

学龄初期（3 ~ 6 岁）：主动对内疚的心理冲突。

学龄期（6 ~ 12 岁）：勤奋对自卑的心理冲突。

青春期（12 ~ 18 岁）：自我同一性对角色混乱的心理冲突。

成年早期（18 ~ 40 岁）：亲密对孤独的心理冲突。

成年期（40 ~ 65 岁）：生育对自我专注的心理冲突。

成熟期（65 岁以上）：自我调整与绝望期的心理冲突。

家居收纳清洁烦琐率数据饼图

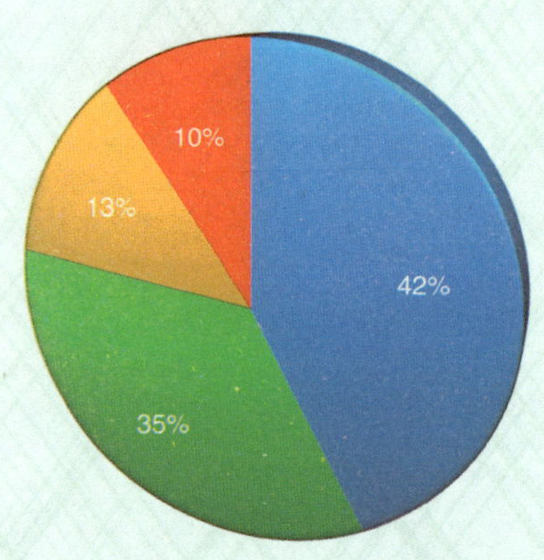

厨卫空间的重要性

想要过舒适的生活，找到适合自己的餐厨和卫浴空间非常重要。每种厨卫空间代表了一种生活方式，无论是一个人独居，还是两个人生活，或者三人以上居住，厨卫良好的舒适度和便利度都会让家人更加热爱回家，爱一个人，就是跟她一起做很多很多好吃的。

害怕冷冰冰的人

《情绪空间：写给室内设计师的家居心理学》中曾经提到："皮肤被称为人脑的外层，触觉被称为人类的第五感官，是最复杂的感官之一。"我们的皮肤也会饥渴，为了方便清洁厨卫空间大多使用瓷砖等光滑的表面，摸起来冷冰冰的。有调查显示，厨卫的舒适度与居住者的幸福指数有着非常密切的关系，就算卧室、客厅装饰得再富丽堂皇，如果家里没有烟火的气息，也无法带给人内心的满足感。

害怕麻烦的人

在心理学上，人都是趋利避害的，这是一种集体无意识的行为，而趋利避害的另一个表现就是趋乐避苦。人遇到麻烦时，即自恋情结受到挑战之时，自尊和自信无疑都会受到挑战。我们面对家庭聚会后的一大堆锅碗瓢盆时，就会本能地怕麻烦，如果没有更好的解决方案，以后可能就会减少这样愉快的家庭聚会。因此，设计一个方便的厨卫空间，最大限度地降低问题的难度系数，生活的幸福感就会显著上涨。

害怕无价值感的人

如果活在这个世界上得不到别人的认可，那么生命似乎便失去了意义；如果连自己都无法认可镜中的自己，岂不悲惨？超过 1/3 的抑郁症患者内心萌发出无价值感的错觉，这种感觉会加重情绪压力，进而对周围的事物失去兴趣。厨卫空间的重要性就在于，让人们在最琐碎的生活里，发掘细小的快乐，用一点一滴累积起来的幸福感来浇灌悦心的芽苗，一顿好饭、一身清爽、三五知己、飘荡芬芳……

害怕错序的人

人生的终极目标在于追求幸福，而永恒的快乐来自对于事物的专注。当你摈弃一切杂念而浸泡在浴池之中，又或者全神贯注地聚焦于热锅里的美食之时，这便是专注。相比无聊的看剧时光和凌乱无序的错位之感，那种可以掌控在手中，对于内心和当下的专注则是最真实的意念。对于厨卫的收纳整理，因为里面有太多错序的排列，所以千万不要马上开始收纳整理，而应该静下来好好阅读此书，找到适合自己的生活方式。找出哪些细节是你所喜欢的、所向往的，然后寻着内心的路，边走边收。

目 录
CONTENTS

起床了，
好的设计，从晨间开始

80% 的人起床后会出现情绪低落的现象，加拿大心理学家、麦吉尔大学教授德比·莫斯考维茨曾做过一个有趣的研究，根据人一周的行为规律画出一幅一周工作节律图，据此认为，人的一周是有规律性的，这就是所谓的“情绪节律周期”。想要避免“情绪低落”，就要从每天清晨开始，找一本喜欢的书或者在晨浴中彻底苏醒过来都是不错的选择。该起床了，就起床吧！

音效师尹明珠：卫生间是非常私密的地方，我喜欢坐在马桶上看书，一坐就是半个小时，沉醉其中，当然也遇到过书掉进马桶里的情况，所以很好奇如何在卫生间里收纳书籍呢？

假如你也喜欢坐在马桶上看书

不在厕所阅读的人
永远无法理解厕所阅读的美妙感受

方法一　利用框架结构，规划“独享时光”

为了能够放心大胆地度过“独享时光”，更加惬意地“想看就看”，一定要选择干湿分区的卫浴间设计，同时每日保持室内通风。书籍的摆放也非常有讲究，尽量让书“穿”上塑封的外衣，避免排列过于紧密。适时地放入收纳盒，以区分书籍空间，让书与书之间充分地呼吸。同时放入干燥剂，让人在阅读时的触感更加舒适。

小叮咛

最好选择能够改变层高的储物方式，以便迎合不同时期对阅读的喜好，以及增加收纳的数量。

1. 编织筐也是书籍的好去处

如果不是真正的书虫，只是偶尔通过阅读来排解一下生活的压力，那么使用可移动的编织筐非常方便，拿取时也不像书架那么规规矩矩，更加自由。

2. 双层梯凳放在马桶旁，用途大

在马桶旁边摆上一个双层梯凳，用植物装饰或者干脆空着，都是不错的储物的方法。随手看一本“如厕读物”，可两层随意摆放，颇有一种“君王”的感觉。

3. 找个柜子储放也不错

虽然没有那么顺手，但小卫生间的好处就是伸手可及，所以将平日喜欢的读物藏在柜子里也是一个不错的选择。需要注意的是，最好在柜子外面贴一个小标签，免得时间久了忘记在这里还藏了一本书。

小叮咛

喜欢阅读的人心思都比较细腻，因此卫浴马桶细部的清洁非常重要，而且还会影响阅读的心情。

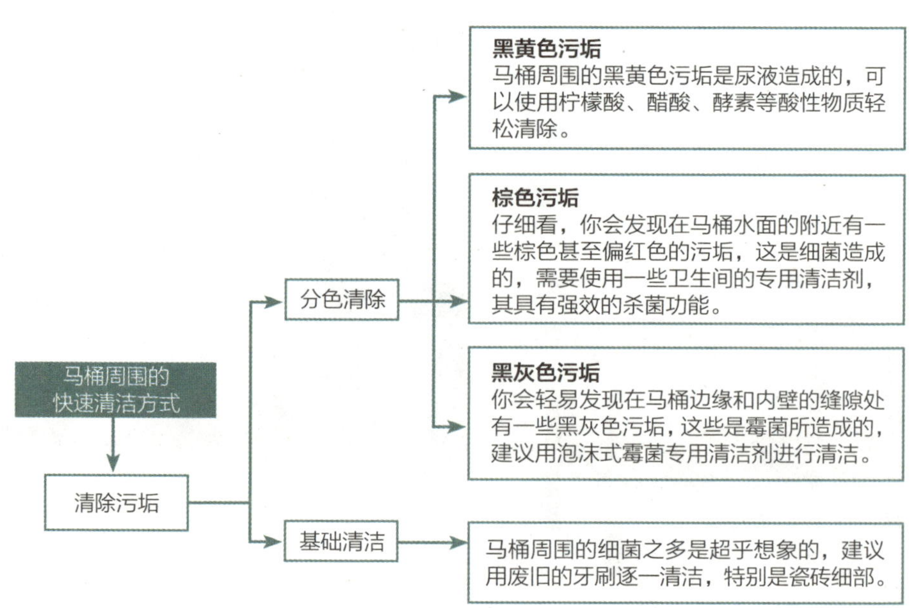

方法二　尝试把书挂起来更节省空间

通常的方法是把书放在书柜里或者摆在架子上，而用绳子把书挂起来，对于小卫浴空间来说是一个非常有用的办法。设计一个小挂钩，粘在墙上，然后用网兜将书收纳起来，既别致又高效。

方法三　为马桶找一个好的近邻

精心规划马桶周围的区域，用架子也好，用凳子也罢，关键是清楚自己想要什么。专门放厕纸的架子恰恰能够营造一个空间用来摆放杂志，采用卷缩的方式，将杂志恰到好处地插入其间。为了留下之前的阅读痕迹，可以在架子上粘贴便签，便于随时使用。

方法四　将计就计的硬装收纳

我们可以发现，马桶背后有一些硬装留下来的小平台或者小窗台。这些看似不经意的细节，恰恰能够节省购买收纳物品的费用。充分利用这样的平台或窗台，摆放杂志、手机或者“独享时光”里的轻松读物，彻底地为“马桶阅读”而沦陷吧！

模特王小白：我宁愿每天早上提前半小时起床，也要泡个热水澡，让身体从最舒服的状态中醒来。而理想很丰满，现实很骨感，怎样才能让我的清晨更加从容呢？

放心裸足，来一次迷迷糊糊的晨浴

幸福的一天，总是从清晨开始
若想天天开心，需要一些小魔法和小技巧

方法一　如何设计一段从容的晨浴时光

首先你了解自己的晨浴需要花费多少时间吗？这个时间不仅是从入水开始，还包括后期的清洁、洗漱，算下来如果是 20 ~ 30 分钟，那么需要在这个基础上加上 5 分钟放水的时间，把时间预留出来以更安心地享受晨浴时光。当然，不仅如此，下面这些步骤也值得仔细安排。

第一步　前一天晚上准备好所有物品

睡眼惺忪地走进浴室，看到“恭候多时”的换洗衣物和柔软的浴巾，真有一种“受宠若惊”的感觉。浴巾、换洗的衣物、在晨浴时享用的茶点……在晨浴的同时享用茶点确实是一件非常享受的事情，关键是还能够节约时间，对于忙碌的上班族来说可谓一举两得。

第二步　自然清新的光线让沐浴更自如

清晨，身体从沉睡的状态中苏醒，肌肉比较僵硬，用 42 ℃的温水洗浴肌肤，让人神清气爽，开始愉快的一天。自然清新的光线能够让沐浴更加自如，并且调动机体的活性细胞，对一天的工作大有裨益。

第三步　将浴室里的钟表调快 10 分钟

调快 10 分钟是为了让自己更加从容地享受沐浴时光，尽量选择醒目的颜色，增强时间的存在感。闹铃的声音自然且悦耳。如果不想浴室里的钟表出现得太过突兀，可以加入一些绿植的成分，以弱化钟表的硬线条，有一些花儿就更轻松了。

第四步 提升裸足的触感

厚实的纯棉地毯裸足踩上去比床还要舒服，早上刚起床最适合光脚在地上走来走去，毛茸茸的感觉把光光的脚趾头彻底征服了。此外纯棉地毯的价格非常实惠，每块 140 cm×200 cm 的地毯花费 300 ~ 800 元。它的最大的缺点是比较轻，所以务必在内部设计防滑层，特别是光脚走动的时候。纯棉地毯的吸水性比较好，而且便于清洁，非常适合晨浴时光。

第五步 放低身段，进入晨浴时光

选择低矮的床垫，让周围的物品可以轻松拿取，当一切变得简单的时候，苏醒便成为一件非常缓慢的事情。从恢复意识到匆忙开始全新的一天，这个距离被拉得很长很长，而你就自然而然地想要多一些空间去感受时光了。

方法二　用烛光点亮全新的一天

即便在清晨，也不要小看烛光的温度。烛光充满生命力，令人倍感温馨。在摇曳的烛光中，不知不觉点燃了新的一天的生命感受，也将新的一天要做的工作重新构思和排序。为了让晨浴时光更加轻松，建议将烛台放在一个小盘子里，营造整齐划一的视觉感受，即便有蜡液滴落，也因为早有准备，避免了二次清理，让清晨的时光变得更加从容。

方法三 清爽的“收官之作”

沐浴完成后最重要的是选择喜欢的香型，调配不同的香型会让一天拥有不同的心情。将不同香型装在自己喜欢的小瓶子里，然后摆放在浴缸的旁边，既可以随时用来调整心情，也可以在必要的时候改变卫浴间的气味，是非常精致的“收官之作”。

高度合适，让你不用“卑躬屈膝”地洗漱

广告创意师妮可：为了让孩子爱上刷牙，我想了各种办法，甚至设计了符合孩子身高的水池，但我自己使用起来却很不方便，真伤脑筋。有什么好办法吗？

实在没必要搞得自己那么难受

如何设计适应不同身高的洗漱环境呢

方法一 增加乐趣，把洗漱区当成游乐园

相较于安装一个视频装置来化解无聊之感，设计更加有趣的洗漱收纳玩具非常重要。这是模仿动画片《小企鹅波鲁鲁》的视觉效果，典型的鹅黄色和海洋味儿的墨蓝色，加上可爱女生的粉色脸颊，最后配上橙色的圆圈眼镜……明晰的对比色吸引了洗漱时的注意力，每种颜色都可以强化视觉的存在感。实验表明，孩子在彩色装饰空间中停留的时间远长于无设计色彩空间。

第一步　让孩子独立完成玩具的组装之清洁墙面

在洗手池的墙上，让孩子选择一块喜欢的区域，用湿毛巾擦拭干净，最好用玻璃水彻底清洁墙面污渍。

第二步　让孩子独立完成玩具的组装之墙面吸附

在擦拭干净的墙面上，将用强力吸附的吸盘挂钩固定在墙面上，为安装洗漱玩具做好准备。

第三步　让孩子独立完成玩具的组装之最终安装

收纳物品和玩具的安装一定要与孩子共同完成，当然如果孩子独立完成则更好。除了要符合孩子的身高和视觉要求之外，这不仅是孩子喜欢的方式，也是其选择的收纳空间。这将有利于孩子在洗漱和收纳时增加主观能动性，并培养自主意识。

方法二　选择一种适应家人生活习惯的洗漱方式

对于小户型来说，专门为孩子设计一个卫浴间的确有点儿奢侈，成年人落地浴室柜一般高 80 ~ 85 cm，而孩子的身高是不断变化的。因此，大多数家庭会为孩子选择一个小梯凳。设计一个标准的洗手池，通过调节站立区的不同高度，很好地适应不同家庭成员的洗漱习惯，并应对孩子成长过程中的身高变化。

方法三　不同高度的水池到底有什么影响

如果洗手池太高，使用起来肯定非常费劲。如果洗手池过低，长期弯腰也会觉得难受。因此，前文提到的 80 cm 是比较标准的水池高度，适用于身高为 1.7 m 左右的家庭成员。如果家庭成员的身高差异较大，那么标准的水池高度便要有所调整。这同样适用于厨房空间。

小叮咛

家庭洗手注意事项

我们手上有一层非常珍贵的皮脂层，如果频繁用热水洗手，或者频繁使用沐浴乳、洗手液，皮脂在不知不觉中就会被慢慢带走了，长此以往则容易引发缺脂性皮肤炎。所以洗手的水温不宜过高，保持皮肤滋润非常重要。

方法四 尽量把物品放在高处，避免弯腰

避免弯腰的好办法是尽量把物品放在高处，拿取时需要稍稍拉伸胳膊、微微踮脚即可，以让身体保持舒展的姿态，就算是清晨刚刚苏醒，也会因为微微拉伸身体而逐渐清醒。顺其自然，无懈可击。

卫生间墙面快速清洁的方式

（1）瓷砖的日常清洗可选用洗洁精、肥皂等。

（2）除此之外，还可以用肥皂加少许氨水与松节油的混合液，可使瓷砖更有光泽。

（3）抛光砖需要定期进行打蜡处理，间隔 2 ~ 3 个月为宜。

（4）如果砖面出现划痕，可以在划痕处涂抹牙膏，用干布擦拭可修复。

挂钩吸不住瓷砖，该怎么办

挂钩吸不住，多半是吸盘漏气造成的。必须将挂钩挂在光滑平整的硬质墙面上。在吸附之前，先用手捏一下，看看吸盘是否柔软且具有弹性。如果吸盘已经发硬，建议用 65 ℃的热水浸泡，从而恢复吸盘的弹性和吸力。想要增加塑料吸盘的吸力，可以在表面涂一些橄榄油，涂薄薄一层就可以，太多则容易下滑。

商务助理郝婧：工作太忙，早上只能匆匆吃一块冷冰冰的吐司的日子，真的是过够了。我很希望用最短的时间，快速地为心爱的人准备一份早餐，以甜蜜的美食开启每一天。

为心爱的人做一份早餐

如何在匆忙的工作日安享甜蜜早餐

如何在 8 m² 的小空间中找到悠闲自在的幸福感

方法一　前一天晚上充分准备食材，并保鲜

确定早餐的主题，会让刚刚睡醒的大脑快速进入状态，用诱人的美食叫醒慵懒的自己。运用各种小技巧，快速准备食材，能让你爱上做早饭，就算是忙碌的上班族，也可以从悠闲的早餐时光开始享受生活。10 分钟，不赖床，日子过得新鲜、自然。

小叮咛

前一天晚上花 20 分钟左右的时间准备食材，牛肉一类可以放在高压锅中。

快速配菜的好方法

（1）葱丝的切法：将葱切成 5 厘米左右的长度，然后切成两段，接着将葱展开，切丝，可提速 50%。

（2）蒜末的切法：先将蒜横向切开，大约切成 6 段，再纵向切，交叠起来切成蒜末，可提速 30%。

（3）卷心菜的切法：先用菜刀将卷心菜对切，分为 4 份，然后顺着卷心菜纹理，用削皮器切丝，可提速 80%。

（4）紫苏叶、生菜的剪法：将叶类的蔬菜卷起来，用剪刀直接剪成丝，可提速 40%。

方法二　尽量选择便于清洁的食材

相比青菜，芦笋、土豆一类的食材更方便清洁。对于上班族来说，早餐尽量选择便于清洁的食材。焯水，可以快速完成烹饪，早餐食用既快捷新鲜，翠绿的色泽还能唤醒一天的好心情。

方法三　巧妙烘焙，充分利用晨间时光

烤箱是早餐的好帮手，想要吃到新鲜出炉的饼干、面包，只需设定好时间，准确计算，就算躲在被窝里多赖一会儿，也不会担心面包烤焦、早餐泡汤，同时可以完成洗脸、刷牙等琐碎的晨起任务，真可谓一举两得。想要偷懒的上班族，做早餐时一定要掌握烘焙技巧哦。

贴心
设计

利用箔纸快速清洁的好办法

1. 烤箱里的污渍

每次烤完的烤盘或者烤架上都会留下些许的污渍，为了不刮伤涂层而留下擦痕，利用箔纸是一个不错的办法。将箔纸揉成一团，因为其具有很好的可塑性，所以边边角角都可以擦到。箔纸比海绵硬，但不会留下擦痕，特别适用于擦拭烤架，非常方便。

2. 发黑的银器餐具

由于氧化作用，家里的银匙、银筷和银的刀叉可能会出现发黑的情况，不仅不好看，而且使用起来也觉得很别扭。利用氧化的银和箔纸中的铝发生化学反应，使银器恢复原来的样子，焕然一新。

具体方法如下：第一步，将两把发黑的银器餐具放在箔纸上，同时放入锅中；第二步，用 1 ：100 的比例调配 335 ml 碱水，然后倒入锅中；第三步，煮 28 分钟即可。

3. 干透的咖啡印记

早上有的时候太匆忙，吃完饭来不及清洗餐具，喝完咖啡便把杯子放在餐桌上，晚上回家已经干透，快速清洁变得很困难。此时，利用箔纸来清洁玻璃杯是不错的选择，既不会留下刮痕，又能快速清理杯壁上的咖啡印记。但是，这个方法不适用于陶瓷餐具。

方法四 将厨房变成一个充满细节的舞台

如果希望每天和心爱的人一起共进早餐，但又不想太累，一些成品或者半成品的点心非常重要。小小的厨房并非每个地方都设计得非常精致，总有一些光线不太好、容易被忽视的细节，这恰恰需要发挥想象力和创造力。选择提亮的对比色，突出细节，把早餐的吃食作为装饰呈现出来。

工作日早餐主题清单			
星期	主题	食材	早餐耗时 / 分钟
周一	花草	西兰花、紫甘蓝、三文鱼	5
周二	田园	土豆、洋葱、鸡肉	8
周三	自然	芦笋、芥蓝、大虾	7
周四	都市	面筋、豌豆、彩椒	6
周五	幻想	胡萝卜、牛肉	10

方法五　围绕墙壁，设计一个“好吃”的收纳空间

如果只有一个小厨房，身为吃货的你肯定觉得特别委屈，那么干脆设计一个“好吃”的收纳空间吧。虽然只有 8 m^2，但却足够围绕墙壁放两列架子，再放一个可折叠的小桌子，通风晾晒的吃食犹如干花一般地装饰其间。就算是在冬日阴冷的早晨，有温暖的照明也会觉得暖洋洋的。

在小餐厅用餐时，伸手可触是最方便的，不必站起来就被美味的吃食包裹其间，既甜蜜又幸福。

Morötter
400 g
ÄRON-
HALVOR
Krossade
Tomater
i tomatjuice
Ärter
400 g

2 慵懒的午后，让精致的细节为你蓄能加油

据医学科学家研究发现，每天午休 30 分钟，不仅能够有效提高下午的工作效率、消除烦躁、保持良好的心态，还可以使冠心病的发病率减少 30%。更有趣的细节源自对精致生活的关注，比如物品的排列方式、食物的整理顺序以及各种收纳的间距，等等。当人们沉浸在各种细节中时，注意力保持高度集中，非常有利于午间短暂地休息。精致细节，为你蓄能加油！

酒店公关王怡：午饭后如果没有时间午休，那我就去用热水洗个脸，好像告诉身体，自己睡醒了。

湿毛巾，唤醒沉睡的肌肤

讲述一条毛巾的故事
如何利用更多的物件来缓解自己的压力
又如何将这些看似常换常新的小物件好好保存

方法一 利用温度，刺激生理机能

研究发现，当温度在 20 ℃左右时，人们的思维最敏捷。当温度低于 10 ℃时，虽然大脑比较清醒，但解决问题的能力明显下降。相反地，当温度超过 30 ℃时，身体的能量被大量消耗，会出现过度疲劳的状态，情绪也更容易烦躁。基于身体对不同温度的不同反应，可以巧妙地利用温度来控制日常状态，如果希望安神入眠，则可以保持室内相对温暖；如果希望思维敏捷、精力充沛，则可以适当地调低温度，或者快速用冷温刺激的方式加速生理机能的苏醒。

方法二　将毛巾放在密闭的柜子里

毛巾必须干透，才能折叠、收纳在储物柜中。如果储物柜放置在卫生间中，那么需要在柜子内装入干燥剂或者活性炭一类净化除湿的小东西。即便是长久储存的收纳柜，柜内的毛巾也不宜存放超过 3 周。定期通风晾晒也非常重要，避免滋生霉菌。

不同使用频率毛巾的存放方式

精致的生活让越来越多的人开始将自己的习惯进行分类，从毛巾的使用频率上就能看出不一样的地方。那么有哪些不同使用频率的毛巾?在有限的小户型居室空间中又如何收纳存放呢?

每日都用的毛巾

存放方式：直接挂在洗手池边上，或者用塑料镂空毛巾篮子进行收纳，网状结构收纳袋也可以搭配使用。

多日一用的毛巾

存放方式：每次使用后即刻清洁，待晾晒干爽以后，叠起来，放入统一的毛巾收纳柜中，或累积多日一起清洁，其间可以收纳到洗衣篮中，保持待洗状态。

备用的毛巾

存放方式：小毛巾可以采用蛋卷式的收纳方式，比较节约空间，很适合小户型。

摄影师林榕：我的房子是个小户型，为了扩大客厅的使用面积，只能压缩卫生间的空间，护肤品只能放在外面，但用起来却很不方便，有什么一举两得的好办法吗？

在镜子背后，发现第二储物空间

较小面积的浴室里每挤出一点儿空间，都会感到莫大的惊喜

方法一　选择设计巧妙而精致的镜柜，提升空间形象

镜柜非常适用于狭小的卫浴空间中，巧妙利用被忽视的地方，让专业设计师独特的镜柜设计为小宅提供更丰富的收纳解决方案。其实，更多的设计师会从专业角度出发，为你提供各种便捷的可能。下面介绍一下如何选择不同种类的镜柜。

适宜人群：内心向往唯美、浪漫的人

储物推荐：内藏灯带的镜柜

如果无法在短期内换一个精致的大房子，那么或许需要考虑提升储物的精细度。比如，选择内藏灯带的镜柜设计，通常安装 LED 灯，会省电 85% 左右，使用寿命也比普通的白炽灯长 20 倍。由灯带延伸出的漫射灯光，让整个浴室更加温暖宜人。

适宜人群：理性且简洁利落的人

储物推荐：可滑动的镜柜

相比推拉的镜柜，滑动的镜子可提供一种尊贵的体验。洗漱完毕后，想要涂抹指甲油或者喷一些香氛，只需把镜子轻轻一滑，即可开启全新的体验。圆润的转角设计更适合温馨的家居氛围，纤巧的长方形状便于嵌入任何小浴室中。

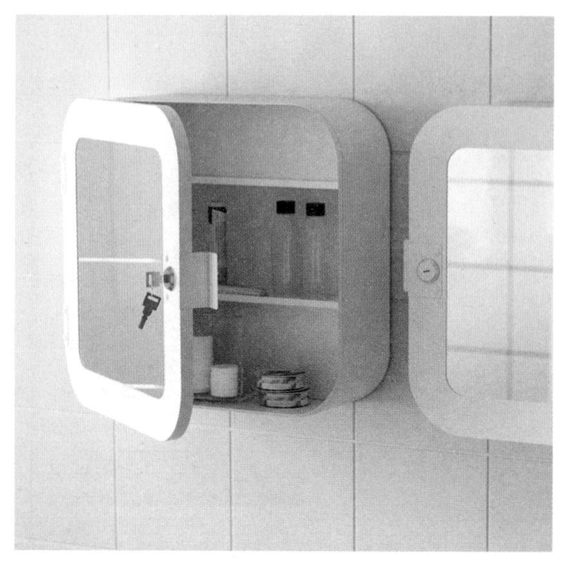

适宜人群：缺乏安全感的人

储物推荐：可上锁的镜柜

小户型一般只有一个卫浴间，若主人不希望客人在卫浴间发现自己的小秘密，使用可上锁的镜柜绝对是个好方法。自己舍不得用的彩妆、亲密爱人之间用的安全套，以及早孕试纸等，总是图方便，顺手放在卫生间，如果一不小心被别人发现，岂不是太尴尬了？还是全部锁起来，等客人走了再打开吧。

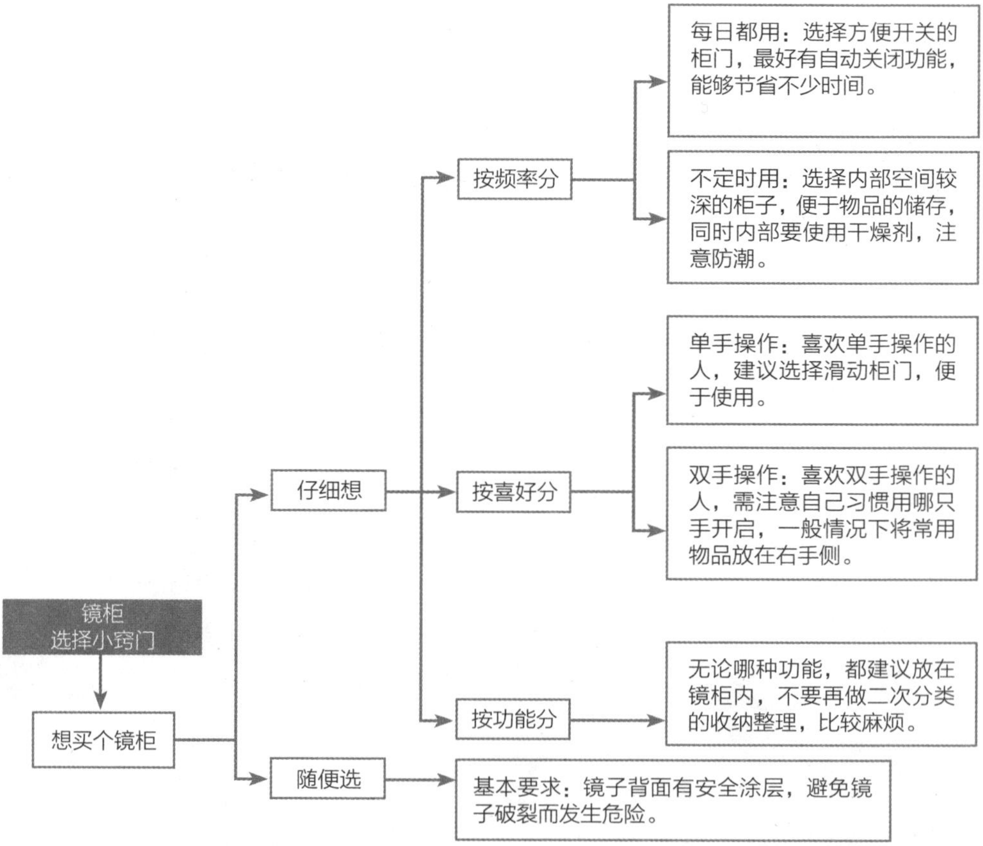

镜柜
选择小窍门

想买个镜柜

- 仔细想
  - 按频率分
    - 每日都用：选择方便开关的柜门，最好有自动关闭功能，能够节省不少时间。
    - 不定时用：选择内部空间较深的柜子，便于物品的储存，同时内部要使用干燥剂，注意防潮。
  - 按喜好分
    - 单手操作：喜欢单手操作的人，建议选择滑动柜门，便于使用。
    - 双手操作：喜欢双手操作的人，需注意自己习惯用哪只手开启，一般情况下将常用物品放在右手侧。
  - 按功能分
    - 无论哪种功能，都建议放在镜柜内，不要再做二次分类的收纳整理，比较麻烦。
- 随便选
  - 基本要求：镜子背面有安全涂层，避免镜子破裂而发生危险。

方法二　用一种更简单的方式，处理零碎的小东西

看似很不起眼的悬挂式小物件收纳袋，以前只是用在客厅或者书房里，其实防水面料的收纳袋，完全可以放在浴室里。相比于镜柜，这样的收纳方式经济实惠且方便好用。虽然不够精致，但省去开门、关门的麻烦，甚至只需将这个小袋子挂在以前完全不入眼的小角落，便能轻松完成收纳任务——梳子、面霜、洗发水、沐浴乳、爽肤水……

小叮咛

降低文字的出现频率

保湿喷雾、护肤品、洗发水等物品用固定的分类袋可以清晰地区分开来，将各种包装夸张、五颜六色的文字广告纸撕掉，统一的白色或者纯色能让收纳的第一视觉变得更加简单。

方法三　将卫浴间变成放松的场所

不要单纯地把卫浴间用于如厕和盥洗，如果加入令人放松的元素，岂不是更好？因此，在卫浴间里增加一些花草、装饰物等，这些东西可能和收纳没有直接的关系，却能让你突然发现，原来那么小的地方也可以如此“情调浓浓”。

贴心设计

卫浴间的收纳一定要注意通风

卫浴间里湿气大、潮气重，物品容易发霉。霉菌通过孢子进行繁殖，孢子在空气中传播，在温度适宜的环境中发育成新的个体，而温暖潮湿的环境最适合孢子大量繁殖，从而形成菌类。因此，保持通风是非常重要的。卫浴间的收纳，选择经过处理的木条小柜子比较好，能够降低储物空间内部的温度。

视觉总监王子文：飞机凌晨落地，拖着行李回到家中，最想干的事情就是好好泡个澡，但我家的浴缸太滑，泡澡时好费劲，烦死了……

立体剪裁，这些卫浴家具帮你找到最舒服的姿势

谁说家小就不能泡澡？只需一个恰到好处的浴缸卫浴间里，最好再有一个让人赖着不想走的马桶，还有……

方法一 如何为小居室挑选适合的浴缸

浴缸的种类非常多，想要选择一个适合自己的浴缸，实在不是一件容易的事情。因此，专门盘点一下，顺便聊一聊如何为小居室找到适合的浴缸。谁说家小就不能泡澡？用事实来满足完美主义者内心深处的渴望。

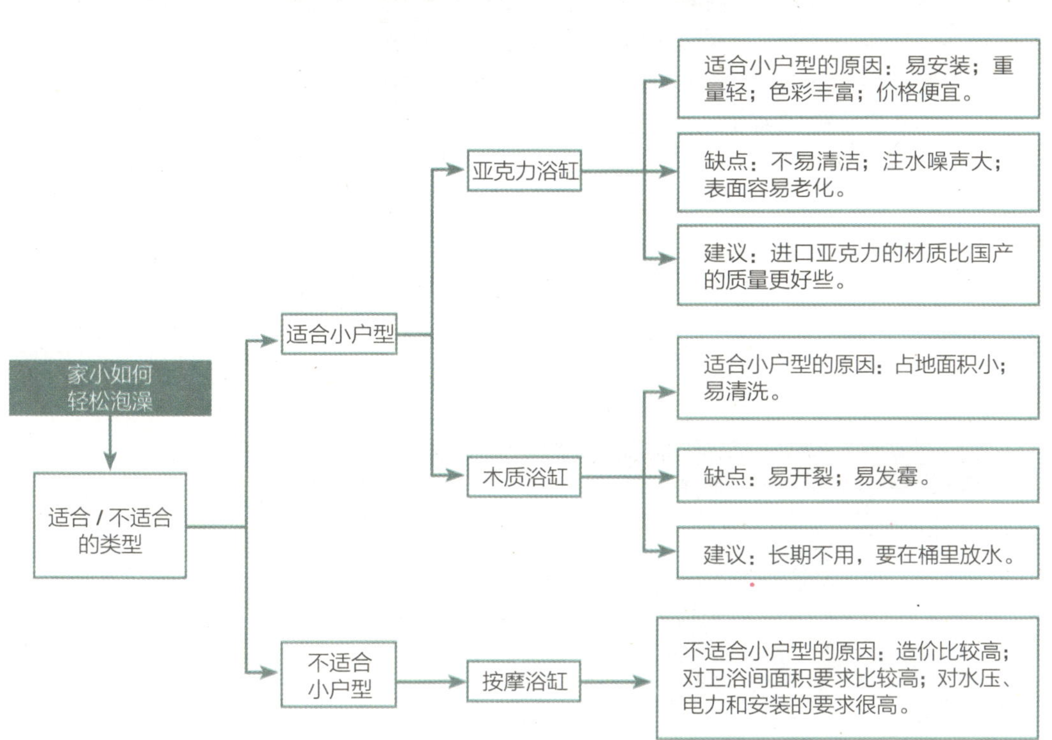
家小如何轻松泡澡
适合 / 不适合的类型
适合小户型
亚克力浴缸
适合小户型的原因：易安装；重量轻；色彩丰富；价格便宜。
缺点：不易清洁；注水噪声大；表面容易老化。
建议：进口亚克力的材质比国产的质量更好些。
木质浴缸
适合小户型的原因：占地面积小；易清洗。
缺点：易开裂；易发霉。
建议：长期不用，要在桶里放水。
不适合小户型
按摩浴缸
不适合小户型的原因：造价比较高；对卫浴间面积要求比较高；对水压、电力和安装的要求很高。

方法二　想要赖在马桶上，怎样才能坐得舒服

研究表明，排便与焦虑密切相关。马桶设计得不对，会引起便秘等一系列生理问题。马桶设计得太高，或者让人深陷其中，坐起来非常不舒服，时间久了容易诱发便秘，而长此以往容易引起“心理型”便秘。一般来说，坐便器的高度为 35 ~ 40 cm，坐便垫再高出 25 mm，然而比较好的方法是亲自测量，研究发现，马桶安装的高度，应该以人体小腿腿弯距地面高度下降 3 ~ 8 cm 为宜，人坐上去能踩到地面，大腿不会受到马桶坐板的挤压，虽然腹部与大腿有轻微的挤压，但这种感觉可以辅助腹肌和肠道的排便。

如何做到精致设计		
以区域划分	以材质划分	以色彩划分
洗漱区	防水材质	色相
储物区	耐脏材质	互补色
沐浴区	触感材质	高饱和度
排便区	视觉材质	低明度

方法三　卫浴间里的小摇椅，舒缓身心

能想到最浪漫的事，就是毫无束缚地坐在卫浴间的摇椅上，听着喜欢的音乐……在选择卫浴间的小摇椅时，需注意摇椅的弧度，以及入座时双膝与地面的高度，最好头部有支撑，便于身心放松。这个世界上有太多的伪装，我们需要一个能彻底卸下面具的地方，可以张弛有度地感受身体的平衡和自如之美。

那个任你发泄的马桶，你有多了解呢

1. 弄懂小按钮，轻松节约水资源

仔细看会发现，马桶上有两个按钮，为什么有两个按钮呢？它们分别对应 3 L 冲水量和 6 L 冲水量，一些比较省水的马桶能够达到 3 L 和 4.8 L 冲水量，更先进的还有单按钮 3.8 L 冲水量。所以，精明的人仔细一算就能发现，每次冲水只要节约 1L，那么每天可以节约 20 L，一年就能节约 8 t 水。

2. 涂涂画画选马桶，日后清洁起来更轻松

也许从来没有想过选马桶时带上一支笔吧！试着在喜欢的马桶表面画一只小鸟或者一个星星，然后用手轻轻擦拭，或者拿一张湿纸巾擦一擦。好的马桶需要有一个好的釉面，不仅经久耐用，还便于清洁马桶。能够快速擦拭干净的马桶釉面一定是非常光亮的，不要选择发乌发青的釉面。

3. 越重越好，不开玩笑

普通马桶的重量大约为 25 kg，而好的马桶超过 50 kg，马桶的重量和质量成正比。选择时，当然不能抱起整个马桶，但可以通过水箱盖的重量来预估整个马桶的重量。除此之外，如厕的舒适度也与重量有关，马桶越重，如厕时越给人安全感，让人安心地享受私密时光。

营造线条感，调节情绪

增加空间几何线条的配比，能够有效地调节空间情绪，直线让人感觉更加理性，在需要安静的空间中，直线可以促进人的思考，把日常工作中烦琐的事情整理得井然有序。尽量统一空间中的线条表达，以排解情绪压力。

设计师陈亚男：我把厨房隔成一个小空间，落地窗的位置不仅可以摆放一个小餐桌，还可以进行日常阅读、临时办公。玻璃透明的感觉很棒，但也有很多麻烦……

玻璃心，感受岁月静好，一目了然

随处可见的玻璃制品，让收纳变成艺术
同时增加了各种各样的麻烦
下面一起来快速解决玻璃带来的麻烦吧

方法一　如何处理玻璃落地窗带来的小尴尬

能够用一扇玻璃落地窗来借景，不论是皑皑白雪，还是晨光日浴，都是难得的人生体验，然而住着住着你可能会发现一些透明带来的小尴尬。比如光线太强，又或者曝光得没有隐私，再有爬满玻璃的灰尘遮挡了视线，这些都需要逐一处理，下面就分享一些快速处理的小方法：

1. 玻璃落地窗的高效清洁方法

一边喝咖啡，一边欣赏窗外的美景，怎能被遮挡视线的灰尘扫了雅兴。玻璃窗内外两侧的灰尘类别不同，采用不同的处理方法，能够更加快速地清洁。

玻璃窗内侧：喷洒玻璃清洁剂，除去油渍、汗渍和各种灰尘。

玻璃窗外侧：用清水冲刷，对于无法接触的位置，建议用长柄的挂杆进行深度清洁。

擦拭顺序依以下三个步骤，依次进行，重复操作：

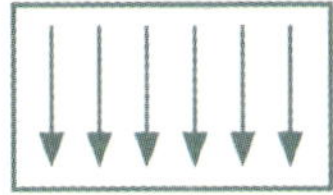
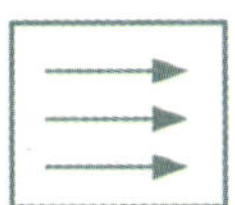
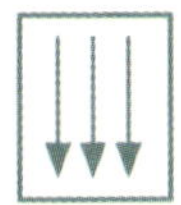

2. 一席轻帘，化解所有尴尬

无论是厨房还是卫浴间，一席轻帘让居家的日子更加自由自在，更有一份难得的为所欲为。然而，在不同的空间中，轻帘的处理方式是完全不同的。在厨房，轻帘的垂挂不仅要尽量远离操作空间，而且要选择易于清洁的材质。在卫浴，则可以利用轻帘来实现干湿分离，让卫浴间更加清洁、卫生。

小叮咛

让卫浴间保持干燥的妙招

（1）尽量减少卫浴间地面物品的摆放，避免霉菌的滋生。

（2）在卫浴间洗手池上铺上网状的海绵，便于吸收日常活动留下的肥皂污渍。

（3）卫浴间通风时，可以将帘子完全拉开，同时放入干燥剂，让卫浴间保持长期清爽。

适合厨房的帘子

聚酯纤维面料最适用于厨房，即便沾上油腻的污渍，也可以很容易地清洁干净。这种无绳的百叶窗卷帘能够确保儿童的人身安全，不会让帘子变成孩子的玩具。

适合卫浴间的纱帘

相对私密的纱帘非常适用于卫浴间，沐浴时有一种“半遮半露”的感觉，让沐浴变得更加贴近大自然。唯一需要注意的是外部空间的私密设计。

增添优雅之美的罗马帘

罗马帘的设计能够很好地增添居住空间的优雅之美，非常适合营造唯美的空间氛围。这样的帘子私密性更强，折叠的弧线漂亮极了，100% 聚酯纤维的材质同样适合多种风格的空间。

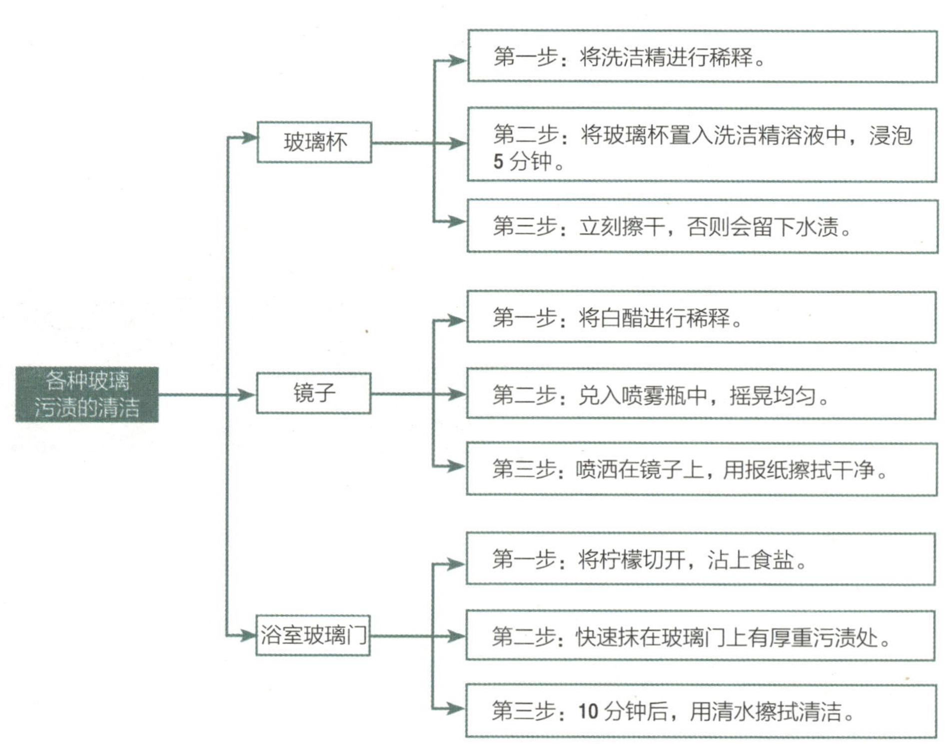

方法二　玻璃盖面的收纳储物，让一切一目了然

首先保证排列整齐，用“刚刚好”的理念来设计每个抽屉的收纳。实在没必要选择又厚又重的玻璃收纳盒，只要将盖面更换成透明的玻璃材质，便能马上看见里面的物品。玻璃盖面最大的好处是透明，让一切一目了然，这会节省约 **30%** 的烹饪时间，同时因为秩序井然而让生活充满幸福感。

方法三　如何让“透明”在家具空间中完美呈现

将收纳当作一种艺术。渐渐地你会发现每件物品都有自己的语言，与其将其七零八落地散放在各个角落，或者乱七八糟地堆积在储物房里，不如在餐厅区域设计这样一个展示空间，将照明与陈列相结合，营造唯美而独特的橱窗享受。在舍与得、取与放之间，越来越懂得收纳的极致之美。

小叮咛

陈列的留白原则

把每个格子当作一块画布，采用一定的留白，带来更好的视觉享受。基本原则如下：

2 ：8：2 分留白，8 分陈列——适合单品的摆放；

1 ：9：1 分留白，9 分陈列——适合同类物品的堆叠摆放。

3 下班回家，脱下外衣，做回自己

“75.4% 的人直言身边存在患有‘下班沉默症’的人。59.6% 的人认为工作压力让人身心疲惫，难以兴奋；52.7% 的人认为长时间疲劳，使人形成了排斥情感交流的惯性；40.5% 的人认为人们总是习惯性地对陌生人客气，而忽略亲友的感受；37.0% 的人认为工作和交通环境太嘈杂，导致人们迫切寻求安静的空间……”这项来自《中国青年报》2012 年社会调查中心的报告，让厨卫环境的设计更具挑战，用最柔软的亲昵包裹自己，在暂时的宁静中舒缓身心，让家简单一点，做回自己。

包裹，给自己最柔软的亲昵

相比发泄对身体造成的伤害
采用拥抱、呵护这样积极的方式，更为有益

芭蕾舞老师吴悠然：好累，最近很想换工作，但一直没有找到合适的。是不是想哭，真想有一个地方，可以让我尽情地释放压力……

方法一 如何设计情绪积极的家居空间

首先问问自己，家里的物品足够亲肤柔软吗？相比坚硬的物品，柔软的触摸方式更能缓解职场或者人际关系带来的压力。无论使用何种沐浴形式，包裹的浴巾都是必不可少的，其为“第一守护者”。彻底沐浴之后，立刻用一张大大的浴巾来包裹身体，不仅保暖，更是一种对自我情绪的保护，非常适合职场人士。

小叮咛

呵护力较强的浴巾

一块厚而不重、经久耐用的浴巾，每平方米约重 250 g；一块标准尺寸的浴巾，重约 225 g，尺寸大约为 70 cm×140 cm。

方法二　如何让内心摆脱外界的控制

营造自我存在的包裹感，利用喜欢的沐浴空间来转换心情。包裹不仅能提供材质的触感，更营造了一个浸泡式的卫浴空间。利用颜色或者格局的变化，使内心彻底摆脱外界的控制。

小叮咛

以装饰为主体的卫浴空间中，可以弱化收纳功能，重点在于呈现自己喜欢的物品，讲究心理收纳，而不注重物品的摆放规则。

方法三　打造主题般的海洋世界

主题卫浴空间的设计同样可以营造包裹感。

除了颜色本身，镜面在空间细节中能够带来一丝惊喜。同时，可以搭配海盐或者沐浴球，在沐浴时，享受身心的放松与愉悦。按照主题浴室的打造原则，在主题搭配的物品收纳方面，也要注意成套收纳，便于随时拿取。

方法四　如何做出无微不至的设计

四季更替，天气渐渐变冷，沐浴之后毛孔张开，将身体短暂的热量快速释放。在浴室外或者经常休憩的区域放置便于随时拿取的毯褥，在懒得动弹的时候，依然可以轻松地包裹身体。没有寒冷，就没有孤独。无微不至的设计，远比“我的家空空如也”更有人情味儿，暖意浓浓，再辛苦也不觉得累。

难过了，就好好洗个脸

洗脸，是一种唤醒自己的方式
如何“扩大”洗手池，让其变得宽敞起来？

后期剪辑师李云馨：做我们这种工作的，经常熬夜，为了保持清醒，洗脸是最佳的方式。我想让洗手池变得宽敞一些，以便放置很多东西。

方法一　卫浴间面积小，更要充分利用洗手池周围的空间

你想要一个什么风格的卫浴间？单纯储物功能的？讲究一点设计感的？精致到可以让鸟雀栖息的？无论哪一种，洗手池周围的设计都要起到绝对的主导作用。充分利用洗手池周围的空间，能让你在日常生活中事半功倍。下面分享几种洗手池周围空间的设计方式，让你快速找到属于自己的设计灵感。

1. 柜式抽屉储物方式

将洗手池嵌入柜体中是非常常见的洗手池储物方式，在柜体中放入一些经常使用的物品，例如毛巾、化妆棉、彩妆用品等。如果担心小物件容易凌乱，不喜欢推拉抽屉时里面的物品哐当哐当地响，那么还可以在内部进行分隔收纳，让每个物品摆放得更加整齐。

2. 组合架式收纳方式

配合洗脸池的高度，恰到好处的搭配一个组合架，满足“刚刚好”，这种设计非常适合出租房或者二手房。想要避免重新设计水池的麻烦，这个方法很可行。唯一的问题是这样的架子容易招惹灰尘，如果不想累积厚厚的尘迹，最好两周左右清洁一次，不错的方法是在每周末清晨洗漱前顺便清理一下，预计耗时 5 分钟。

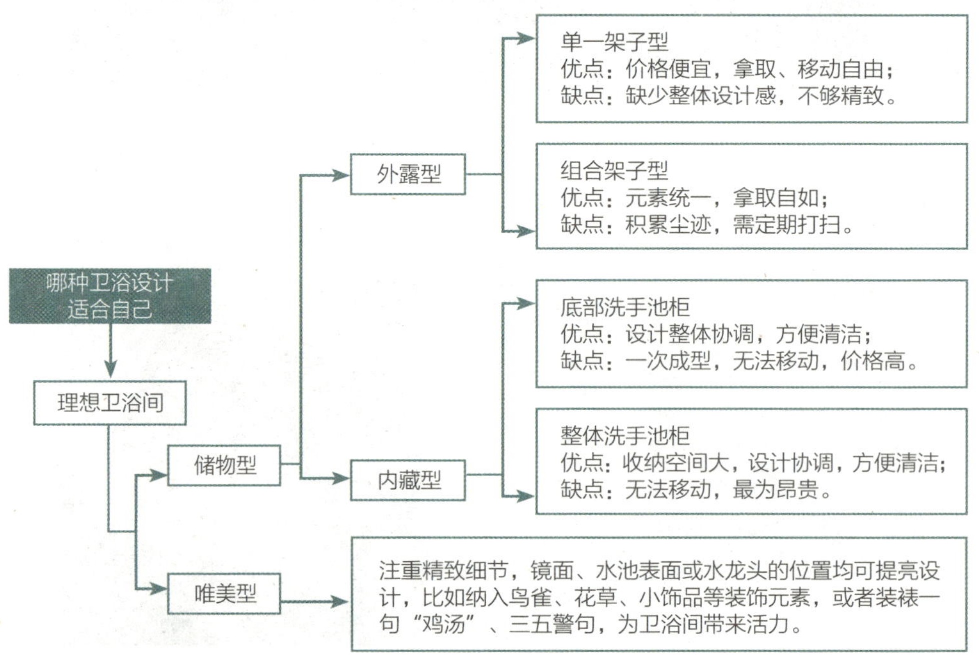

方法二　顺势而为，借用窗台收纳物品

传统设计总是把洗手池放在一面独立的墙面上，然而巧妙利用窗台的区域，正好在下方的高度可以设计一个洗脸池，清晨洗手时顺便沐浴晨光。如果觉得看不到自己洗脸的样子也没有关系，在窗台上放一面可伸缩的小镜子，看上去是不是很有心呢?

方法三　转角的空间也不能轻易放过

想要充分利用各个区域，那么角落的利用成为制胜的关键所在。是否能够小卫生间的各个区域都发挥到极致呢？洗手池周围的空间需要仔细分析和规划。一般来说分为：上部 + 中部 + 下部 + 左侧部 + 右侧部，你可以对照一下自己的卫生间，哪个区域还有利用的潜力呢？

珠宝设计师李俊然：每次洗完澡之后，厕所里堆满了各种各样的脏东西，清洁起来真是麻烦。有没有快速清洁的懒人方法呢？

烦死了，如何处理洗澡后的污垢

把自己洗干净，浴室却脏了
这里有一些快速、省心的好办法
来处理沐浴后的“小脏脏”

方法一　洗澡的时候，除了“空”，什么都不要放

洗澡之后神清气爽，但随之而来的是要清理头发、死皮、毛孔排泄的废物、各种新陈代谢的垃圾、凋亡的细胞残留等，最好再用清水冲刷一下地面，将各种污渍从卫浴间冲走。为了让上述各项工作简单、快速而有效地进行，在洗澡的地方，除了“空”，什么都不要放。减少物品的存放，东西越少，污染和细菌就越少，特别是地面，沐浴用的拖鞋最好在洗澡之后单独摆放在通风、日照充足的地方进行自然杀菌。

方法二　室内外分开，避免沐浴污渍向外侵蚀

干湿分区的好处，是可以将洗澡时的污渍进行独立处理，平日清洁身体的丝瓜瓤用一段时间就脏了，不能再用来清洁身体，但却非常适合用来清洁地面或者浴室内的墙面，特别是马赛克的设计，有很多缝隙，这些缝隙单纯用海绵是无法清洁干净的，清洁的用具最好有一些硬度。另外，刷子也是不错的选择，在洗澡后留出两分钟就可以轻松地清洁浴室内的污渍，避免污垢堆积难以清洁。

方法三　如梦如幻的沐浴时刻

在卫浴间的设计中黑亮的瓷砖最能带来安全感，也比较耐脏，如果不想洗澡之后大量地清洁墙面和地面，对小户型来说比较简单的方法是将淋浴与泡澡安排在同一个区域。因为浴缸是弯曲的，而且弧度比较大，所以适合用海绵或者碗刷一类的物品进行清洁，其光滑的表面比一般的浴室便于清洁，具体原则就是大面积使用大海绵，反之则使用小海绵。

方法四 保持通风，能够避免卫浴间滋生细菌

排水口通常将外部的污渍和臭味引到自己家中，利用一些小窍门可以很好地阻隔外部污染。其中最重要的是保持通风，让卫浴间持续干燥，以防滋生细菌。同时定期将加热过的食醋倒在排水口，大约密闭15分钟，再用热水冲洗一次，以防止外部细菌的侵入。

方法五　随洗随清，不把垃圾留到次日清晨

垃圾即时倒掉，特别是卫浴间的垃圾，务必干湿分离，就算是在垃圾桶里也尽可能避免滋生细菌。一般来说，细菌滋生的四大条件包括：充足的养分；适宜的温度；合适的 pH 值；丰富的氧气。了解以上四点，便可以在垃圾分类时掌握一定的规律，特别是在潮湿的卫浴间，更要避免垃圾过夜所带来的细菌滋生。

小叮咛

务必选用小垃圾袋，强迫自己定时清洁，必要时将袋口用夹子封住，避免垃圾外泄。

服装设计师易欣：我不喜欢把衣服“摊”在屋子里，但总有些舍不得洗、来不及洗、顾不上洗的脏衣服，到底要怎么放才能省心呢？

任性地做个懒虫，有 *n* 种办法把脏衣服“藏”起来

听说过吗？有一种“脏衣服”叫作“隔夜衣”
即只穿了一次的衣服，脏吗？不脏。不脏吗？脏
这些衣服美丽、昂贵……懒虫借口多

方法一　隐蔽的空间适合用来“藏”不能经常洗的毛衣

毛衣的洗涤不宜过于频繁，经常清洗毛衣，其保暖效果自然就下降了。但是每天都想穿新衣服的我们，只好找一个地方，专门放毛衣。穿过的衣服不能重新放回衣柜，也不能长期挂在外面，以防沾染灰尘不好清理，那么怎么放才最合适呢？最好的方法是用一个透气的收纳盒装起来，使用无纺布袋也可以。

方法二　不必翻箱倒柜地找

将脏衣服放在透明、密封的收纳盒中，不必翻箱倒柜地找。穿过一两次的衣服，在衣架上挂一两天透透气，然后稍微用蒸汽熨斗熨一下，进行消毒，接着挂 8 ~ 10 小时，再放入透明的收纳盒中，这些“脏衣服”不用天天洗，再次穿的时候也不会觉得不舒服。放一块香皂更是香喷喷的。

方法三　角落最适合用于把脏衣服“藏”起来

如果条件允许，可以把家里的角落设计成一个外露的衣帽间。脏衣服最需要的不是收纳，而是保持足够的通风，让衣服自然清新，从穿着的状态中放松下来。根据衣服弄脏的程度，可采用不同的方式。

脏衣服分级处理办法			
分级	类型	处理时效	处理方式
一级	明显印记	8 小时内	马上清洗
二级	明显气味	24 小时内	通风处理
三级	面料疲惫	72 小时内	折叠处理

贴心设计

各种“藏”脏衣服的好方法

1.“躲”在一面墙的后面

这面墙不用很大，足够藏下一件衣服即可。挂衬衫时，为了防止衣服从衣撑上滑下来，最好将衣服的第一颗扣子扣好。设计衣架时最好分成多个部分，区分摆放只穿了一次的衣服和需要次日进行收纳的衣服。如果没有足够的空间，尝试用不同颜色的夹子进行区分，防止各种衣服混杂在一起。

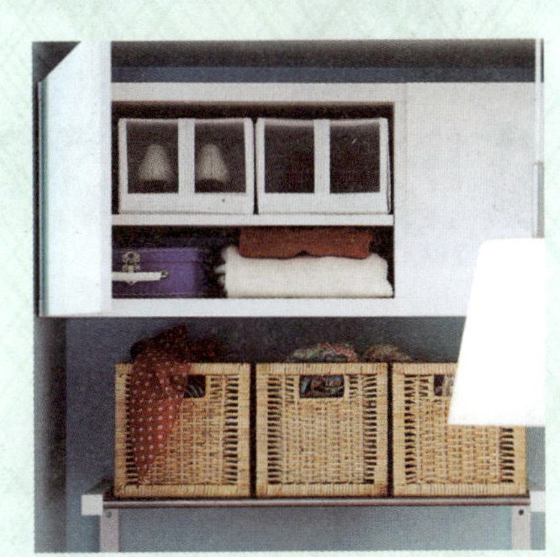

2.“藏”在挂钩架的上面

将相同颜色和外观的收纳筐放置在挂钩架的上方，除了衣服，围巾、小装饰物也应常换常新，小收纳筐便派上了用场。下班回家，把各种装饰物直接放在筐里，每周或者每两周全部清洗一次，非常方便。

小贴士：藤编小收纳筐非常便于日常清洗，洗物品时，顺便把小筐也一并水洗。

3.“挤”在两面墙的中间

将两面墙中间的位置巧妙地设计为专门放“脏衣服”的区域，这里应特别注意通风，使用湿抹布或者超细的纤维掸子，轻松地清理脏衣服上的浮尘。合理地规划这个小区域，还可以增加储物类型。

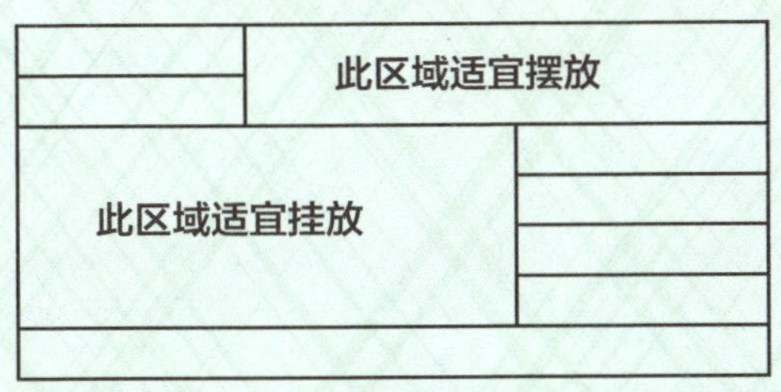

方法四 单身寓所的专属收纳方式

迷你小宅里的单身寓所，因为主人要出席不同的场合，每天想要变换不同的样子，所以总有很多穿一次就挂起来的衣服。如果发现家里有一些网格状的物品，那么充分利用它们来搭建一个后现代的脏衣服收纳空间。比如，在上下铺的下层组建这样一个区域，换下每日外出穿的衣服，待到心情好时统一清洁；在房门的内侧安装一个门钩，顶部和底部各装一个，然后用 S 形的挂钩将上下连接起来，这样穿一次的衣服便可轻松地挂在门后“藏”起来了。

小叮咛

如何区分脏衣服的类型

一般来说，污渍分为水溶性和油性的，衣服弄脏后，首先在弄脏的区域试着滴一滴水，如果水滴很轻松地渗透，那么说明是水溶性污渍，此时用水便可以很容易地清洗干净；如果无法渗透，而是浮在斑点的表面，那么说明是油性污渍，要先将其分解之后，再进行深度清洁。若衣服弄脏的面积不大，清洁污渍后，可以用干毛巾将部分水分吸附，然后自然晾干，不必因为一点小污渍而清洁整件衣服。

各种污渍的处理方法大全	
污渍类型	污渍处理方法
茶、咖啡、酱油、果汁、酒类	（1）以牙刷蘸水，轻轻拍打，清除表面污渍。 （2）将稀释过的洗洁精，用点擦的方式，清除深层污渍
血液	（1）以牙刷蘸水，轻轻拍打，清除表面污渍。 （2）将稀释过的含氯漂白剂或含氧漂白剂，用点擦的方式，清除深层污渍
粉底、口红、巧克力	（1）以牙刷蘸洗洁精，直接清除表面污渍。 （2）用双手搓洗污渍所在位置，清除深层污渍
蜡笔、圆珠笔	（1）以牙刷蘸酒精，清除表面污渍。 （2）用家用洗涤剂清洗深层污渍
备注：漂白剂不能用在彩色衣物上，而只能用在白色衣物上	

4 度周末，为所欲为吧

周末一觉醒来，无所事事。很多人觉得得了“周末抑郁症”，习惯周而复始的忙碌，突然停下来，反而有点不知所措，感到孤独和凄凉，甚至莫名其妙地焦躁，产生一种强烈的敌对情绪。因此，赶紧计划起来，这个周末，想一个人玩，还是想亲朋好友一起狂欢，或者睁开眼睛让身体随遇而安？总之，玩吧，让自己为所欲为。

情绪 **和身体谈一场“非黑即白”的恋爱**

浴室 **把浴室设计得像热带雨林**

厨具 **爱上那口“有口无心”的锅**

分区 **餐厅再小，也要暖暖的**

和身体谈一场 “非黑即白”的恋爱

手账达人宋小喵：生活就像小毛线团，绕啊绕啊，我想让家变得简单一点，除了方便，什么也不想要，怎样设计一个空空如也的家？

说好要一起感天动地
偏偏自己一个人走了，世界之大
家却不能随走随停，幸好，我要的并不多

方法一　两位数收纳方案

将所有麻烦的收纳整理计划减少到 1+1=2，1 是收起来，1 是摆出来，不同主题的生活方式，比如，周末聚会，1 是玩起来，1 是停下来，这样岂不是相当简单？把那些无法带来快感的物品统统扔掉，或者从一个 1 推到另一个 1，不要有中间模糊的区域，这也是一种让自己变得简单和轻松的方式。两位数收纳方案最适合“怪招百出”的你。

方法二　一面黑墙，吸纳所有的情绪

有的人喜欢在墙上画画，有的人喜欢在墙上安装吊柜，还有的人喜欢在墙上东搞西搞，最简单的方式是刷一面黑墙，如果觉得压抑，就以此为背景，在前面的舞台搭配轻量化的餐桌椅，作为跳跃性的视觉元素。物品不用很多，任何一种调性都可以被这面黑墙吸纳进来，这也延续了“二元收纳法”的技巧，所有乱七八糟的物品在黑色的背景墙面前变得微不足道。

方法三 偶尔也会生自己的气，灰度帮助你缓解情绪压力

接纳自己并非一个简单的过程，脸上的青春痘、“剁手”后的空虚失落……总是有对自己不满意的时候，生命并非只有爱和恨，有时会有一些灰度情绪，收纳的世界也如此，当没有足够的时间来整理、清洁的时候，增加一些灰色元素，用这样的“视觉误差”带给自己更多的自由。

方法四　最终是要坐下来，和自己好好说说话

在强烈的光照下，思维会处于停滞的状态，所以保持黑白对话的状态也是对身体比较好的呵护，不必有那么多的负担。周末，约朋友小聚，那么先给自己一个轻松的清晨吧，花 10 分钟煮咖啡，把屋子暖热，准备好了吗？来吧，为所欲为吧。

把浴室设计得像热带雨林

公司会计陈莉莉：最近特别迷恋关于热带雨林的电影，喜欢那种神秘又狂野的感觉，我想设计一个这样的浴室，需要注意什么呢？

不要嫌麻烦，光阴就是用来消耗的
把日子过成自己想要的样子，麻烦一点，多尝试一些

方法一 找到适合的绿植是重要的第一步

热带雨林中的生机无处不在，到处都是绿色，生机勃勃。令人陶醉的绿色景观更代表了一种精心的培育。庞大的物种基因库肯定不能统统地纳入小浴室，所以可以挑选一些具有代表性的热带雨林植物，例如阔叶植物、苔藓、双子叶植物、藤本植物和蕨类植物等。目前，世界上有超过 **25%** 的现代药物由热带雨林提炼出来，所以热带雨林被称为“世界上最大的药方所在地”。更重要的是，热带雨林可以调节气候、净化空气。因此当你决定打造一个热带雨林般的浴室空间时，其实就是在为家设计一个制氧机。

方法二　为“热带雨林”提供适宜的生长环境

热带雨林的年降雨量非常大，通常高于1800 mm，有些地方高达3500 mm，常年湿润，空气相对湿度在95%以上，白天的气温约为30 ℃，夜间约为20 ℃。这种温度令人感到憋闷，并不十分舒适。因此，需要适当地调节温度、湿度的比例。与此同时，过度湿润容易滋生细菌，所以保持卫浴间的通风干燥比较重要，选用一些具有代表性的植物，从视觉上营造亲近感。

方法三　与其单纯设计一个绿植浴室，不如换一种方式

与其单纯设计一个放入绿植的浴室，不如将“热带雨林”的概念予以延伸。“热带雨林”其实是一个生态和谐的符号，生态和景观都是日常生活中比较常见的词语，但移植、组合在小浴室的空间中，或许能够成为一个全新的概念。收纳一般指物品的储存，而在“热带雨林”的概念中，指的是多种生物与环境循环演变，生态系统自给自足且状态良好。

如何打造“热带雨林”中的自循环系统

贴心设计

第二步
培育“热带雨林”植物体系

充分利用植物释放的氧气

第三步
净化卫浴间的空气，并大量供氧

更多无法估量的、有益的植物元素

第四步
增加浴室使用的舒适度

频繁使用浴室，为浴室提供更大的湿度

第一步
浴室是小宅中最潮湿的空间

充分利用洗澡后的水汽湿度

因为使用频繁，所以更需要多多关注，提供必要清洁解决方案，构建良性循环系统

方法四　如何提高“热带雨林”的舒适指数

如何设计一个符合人体工学的沐浴空间？在“热带雨林”的氛围中，增加一张这样的卫浴床，就算因沐浴而弄得湿漉漉的，也可以享受私密的水疗时光，不过相关物品的清洁晾晒需要花费很多工夫。谁叫我们乐于享受呢，这个周末就这么过吧！

方法五　运用全息投影技术，营造“热带雨林”般的视觉效果

运用全息投影技术，营造光影效果，这已非常普遍。如果希望拥有一个热带雨林般绿意盎然的浴室，但又担心潮湿，以及有细菌和各种病虫害……总之，就是典型的焦虑型人格，那么利用全息投影，就能在视觉上营造出“热带雨林”。当然，这样的视觉效果可以根据你的心情而随时改变，从“热带雨林”到“地中海”或许就在一键之间、转瞬之间转换。

插画师吴英萍："双十一"购物节时，我一下买了三口锅，这才发现家里的锅"爆棚"了，也突然才意识到原来锅也有放不下的时候。求助，怎么收纳厨房里的锅？

爱上那口"有口无心"的锅

据说人这一辈子，终会遇到一口锅
随着油脂的深入，锅的表面形成独特的守护层
就好像死心塌地信守的诺言，越久越好用

方法一 善于"区别对待"

不同的锅或许需要摆放在不同的位置上，学会"区别对待"，对于锅具的收纳非常重要。首先拆分最常用到的几种类型，比如炒锅、奶锅、炸锅等等。然后，再根据锅的厚度和可叠加的方式，寻找适合的区域。对于每日都使用的锅，根本不必"藏"起来，干脆放在空空如也的灶台上，不仅用起来方便，看上去也很有"烟火气"。

1. 设计一排结实的挂钩

这些挂钩最好保持一定的灵活性，不要完全固定下来，以便收纳不同大小和宽度的锅具。挂起来的最大好处是节省空间，而且保持通风、敞露在外的锅具还能防止水渍的侵扰，实在是热爱生活的人首选的锅具收纳方式。

2. 深“藏”的橱柜抽屉

采用叠加的收纳方式，最适合短期内不常用到的锅具，特别是对于“双十一”购物节的剁手族，这样“藏”起来的收纳方式，反而让自己逐渐忘记“爆棚”的锅具。唯一的缺点是“藏”得太深，容易忘得太快，所以要时不时地打开看看。

3. 可旋转内置的锅具收纳游戏

角落因为有了这样的旋转设计而将空间充分利用起来，不过因为内部空间有限，不能摆放太大或者太高的锅具。然而，这个看似“藏”起来的旋转设计便于日常拿取。喜欢有些小惊喜的贪玩一族可以考虑这样的锅具收纳方式，特别适用于橱柜的五金件。

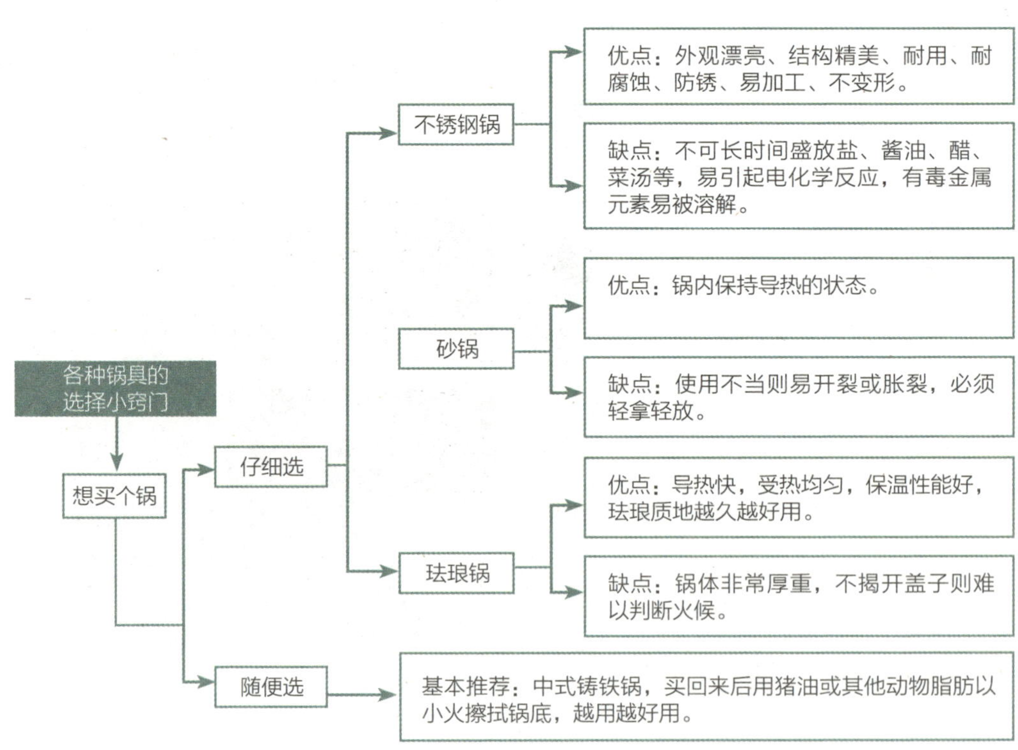

方法二　挑选一个任你煎炸的平板锅

快乐有时很简单，只要有一个让自己肆意煎炸的平板锅即可，而且不用担心油烟、粘锅……甚至厨房菜鸟也可以轻松地烹饪一手好菜。如果想让铸膜不粘锅的设计在每次使用后都像新的一样，这有一点难度，毕竟想要一口锅一成不变并非易事。

小叮咛

常见不粘锅的基材主要包括铝、铁、不锈钢及合金等，不粘层有涂层、铸膜等。

方法三 焖一锅好菜端上桌

不想让自己变成“买买买”的剁手王，最简单的办法是让每口锅物尽其用。精致的珐琅锅如果只是用来做饭、做菜实在太可惜了，为什么不直接端上桌变成家里没有的餐具呢？也许带给你灵感的不止这些，巴洛克风格的外形设计最能凸显居住者的生活品位，喜欢文艺风的人一定忍不住想触摸一下锅边留下的温度。

常用品知识普及：世界名锅大盘点		
品牌	具体介绍	经典款
Silit 压力锅	具有良好的密封系统，可有效保留食材中宝贵的维生素和矿物质，缩短高达 70%的烹饪时间	Sicomatic t-plus 高压锅两件套
Berndes	世界四大锅具品牌之一，被誉为“厨具中的劳斯莱斯”。易于清洗，使入厨烹饪变得很轻松，节省清洗用水和洗涤剂	不粘锅生产技术是世界上最先进的技术之一
Fissler	世界上现存最古老的锅具品牌之一	蓝点调整快锅、雅格汤锅
WMF	百年高端餐具、厨具品牌。用优质 Cromargan 不锈钢制成的煎锅坚固耐用，耐划痕、耐敲击且耐高温	WMF 煎锅系列产品
Le Creuset	法国知名厨具品牌，以生产色彩丰富的铸铁珐琅锅具而闻名世界，有“厨房中的 LV”之美誉	铸铁珐琅系列产品
Eva Trio	丹麦锅具制造代表厂家，Eva Trio 所制造的不锈钢锅，锅底含铝，可以用在电磁炉上	Eva Trio 煎锅系列产品

方法四 忍不住想吃煲仔饭

味蕾具有的记忆功能可能比艾宾浩斯遗忘曲线更精准，只要吃过一次，总会在不经意的时候回想起那个味道。对于怕麻烦的人来说，一个炒锅可能就是一辈子，但炒锅无法做出好吃的煲仔饭。尝试一些多功能的锅具，用最小的收纳面积，实现生活品质的最优化。

小叮咛

一锅两用的方法

将锅盖当作蒸盘，锅身则用来炖菜或者煲饭，18 cm×21.5 cm×29 cm的尺寸，可以满足吃货们随时想吃煲仔饭的需求。

方法五　找到最懂我的那口锅

一个人的日子过惯了，从来没有想过一口锅也能如此懂我。没错，你真的了解自己吗？有这样一口锅，它为你量身定制专属的食量，恰到好处。锅口分为两圈，内圈为一人份，适合加班回家单身的你；外圈为双人份，适合与亲密的他／她共进美餐之用。找一口懂我的、爱我的、想我的锅来告别单身。

餐厅再小，也要暖暖的

点心迷方依依：每次家庭聚会后，我都要收拾到大半夜，真是烦死啦，有什么快速清理这些垃圾的好办法吗？

第一次，我们开始如此近距离地走进彼此的家中
尽情享受聚会后一起大扫除的幸福时光

方法一 美食当前，多巴胺欲罢不能

大脑内分泌的多巴胺可以传递兴奋和开心的情绪，而吃东西就会刺激多巴胺的分泌，所以约朋友一起聚餐，不仅能享受社交的快乐，同时满足生理上对多巴胺的需求。餐厅本身是一个增加幸福感的地方，减少不快乐元素和负能量的释放。尽情地享受美食，度过一段美好时光。

小叮咛

影响清洁速度的聚会美食

如果不想之后的大扫除折腾自己，那么所提供美食的种类就变得非常重要。避免提供零零碎碎、容易到处洒落的小食物，如果需要提供一些聊天时的小吃，建议清理干净外壳，避免聚会后清扫外壳，非常麻烦。

方法二　暖色系餐厅，想不暖都不行

红色让人产生兴奋之感，如果不希望聚会变得太狂躁，加入黑色和大地色会降低人们的兴奋度，使人相对冷静。红色可传递出温暖之感，在餐厅装饰中，想不暖都不行，然而，并非只有这一种颜色能达到如此效果。让我们在暖色系中寻找适合餐厅的美色吧！

盘点适合在餐厅使用的暖色

第一位　橙色

橙色能够带来温暖的感觉，同时增进餐厅使用者的食欲，提供足够的幸福感，是非常适合餐厅的颜色。

第二位　红色

红色能够影响荷尔蒙的分泌，进而提高人的体感温度。在餐厅中，红色并非增进食欲的颜色，但确实很适合私密聚谈的氛围。

第三位　黄色

黄色是最充满创造力和行动力的颜色。如果这是一次头脑风暴型的聚餐，那么突出黄色元素绝对没错，以高饱和度为主体的黄色能够刺激大脑细胞，在用餐结束后或许会得到意外收获，但要注意同时用脑带来的消化问题。

方法三　房子再小，也要挤出一个可以聚会的小餐厅

增加聚会功能不仅仅是出于好玩，更是满足内心的社交需求。基于身心健康的考虑，建议每五天邀请至少一位朋友来家中做客，如果家实在太小怎么办？有如下多种解决方案。

2 m^2 挤法：操作台变身为法式餐厅

原本单身小宅中厨房的操作台，堆满各种各样随手摆放的杂物，但因为必须增加社交功能，所以暂时为这个周末腾空，2 m^2 的小空间，在上餐时，可以采用法式大餐的顺序，开胃小菜、主菜、餐后甜点，依次进行，只有小才能做到精致。

6 m^2 挤法：上下铺变身为工业风餐厅

屋子实在太小，充分利用层高的优势，将下方空间设计成朋友聚会的餐厅，将上方作为卧室，这样就算朋友喝得酩酊大醉，也不会弄脏你的床。

3 m^2 挤法：小边桌萌变为“洛丽塔”

这个小边桌有多种功能，比如打游戏、看书、工作、就餐……周末，干脆统统忘记这些，约闺蜜一起，来一道养生美食大餐，八卦也不忘了美美的。

方法四　小餐厅，增加温暖的各种小方法

唯鲜花和蜡烛不容辜负，虽然没有拼出一个豪宅，但却自得其乐，懂得利用每个生活元素来装饰自己，采用西式分餐制不仅将聚会后的餐具简化为1对1的清洁，避免大量堆积锅碗瓢盆，还可以将圆餐桌的中心装饰成自己想要的样子。懒人聚餐，推荐用西式餐点。

贴心设计

深凹嵌入式的座椅，让客人坐得更舒服，舍不得离开。

用餐后，客人将餐具放在收纳盒内，方便主人进行清洁。

随做随洗，不把残留的垃圾留到饭后收拾。

现吃现做，和客人一起享受烹饪的整个过程。

方法五　再不用担心椅子不够坐了

出乎意料地多来了几位朋友，墙面收纳的餐椅派上大用场，这种收纳方式在小户型中非常常见。需要注意的是，安装的高度不能超过居住者身高的1/2，否则拿取不方便，而且有安全隐患。

方法六　缩短厨房与用餐区的距离

缩短厨房与用餐区的距离，以快速完成餐后的收纳整理工作，避免污渍“跑”得满屋都是。不仅如此，随吃随用的餐具，及时收纳，不要让餐桌上堆满垃圾。

IKEA

5 过节了，每一天都要与众不同

为什么我们需要各种各样的节日？因为我们需要制造预期的快乐，这是一个很有趣的假象。如果按照“情绪节律周期”的说法，周三是一周的转折，也是情绪的“沼泥”，那么是否设计一个“周三狂欢日”呢？所有奖励都在周三发放，那么沼泥会不会变成“枣泥”呢？过节时，人的情绪达到顶峰，幸福无处不在。爱一个人，就是陪她做很多很多好吃的，然后慢慢享用。

> 日语翻译木子：我很喜欢在厨房一边吃着抹茶蛋糕一边翻译稿件，所以我期待厨房不只有油盐酱醋，更不希望堆满没有做完的家务活儿……

总有捷径，令家务变得更简单

没错，任何人都可以偷懒
只要足够聪明，就可轻松搞定排山倒海般的家务

方法一　在厨房也能腾出这样一个区域

实在不能想象在厨房里还可以腾出这样一个悠闲自在、干净清爽的区域，在这里等待烤箱中香喷喷的热面包出炉……厨房除了做饭，还可以做一些别的事情，但关键是有什么好办法去快速处理那些堆积的家务活儿吗？工欲善其事，必先利其器，下面先来了解一下家务收纳的好帮手吧。

白色的塑料收纳盒

家中的塑料收纳盒一定要选择白色，并且最好带盖子，这样即使再多也不会有太强的存在感。

随便放什么都可以的小托盘

生活中总有一些零碎的物品，这样的小托盘无论是在餐厨空间还是卫浴间都会非常实用。

快速完成任务的洗沥两用篮

洗沥两用篮的好处在于快速完成果蔬清洗任务，对于想要偷懒的人来说是不错的选择，立刻就能吃到新鲜的樱桃了。

非常有用的横隔板

加大收纳空间，这样的横隔板非常有用，如果不想家里堆得乱七八糟，又不希望添置大体量家具，横隔板可以使你的生活瞬间变得井然有序。

必须要用的墙面盛具

墙面收纳的方法有很多，这些墙面盛具让厨房物品触手可及。不锈钢金属材质经久耐用，并且不占空间。

腾出更多空间的精致杯架

杯架能够腾出更多的空间，即便有很多的杯具，也因杯架的固定摆放而显得非常整齐。

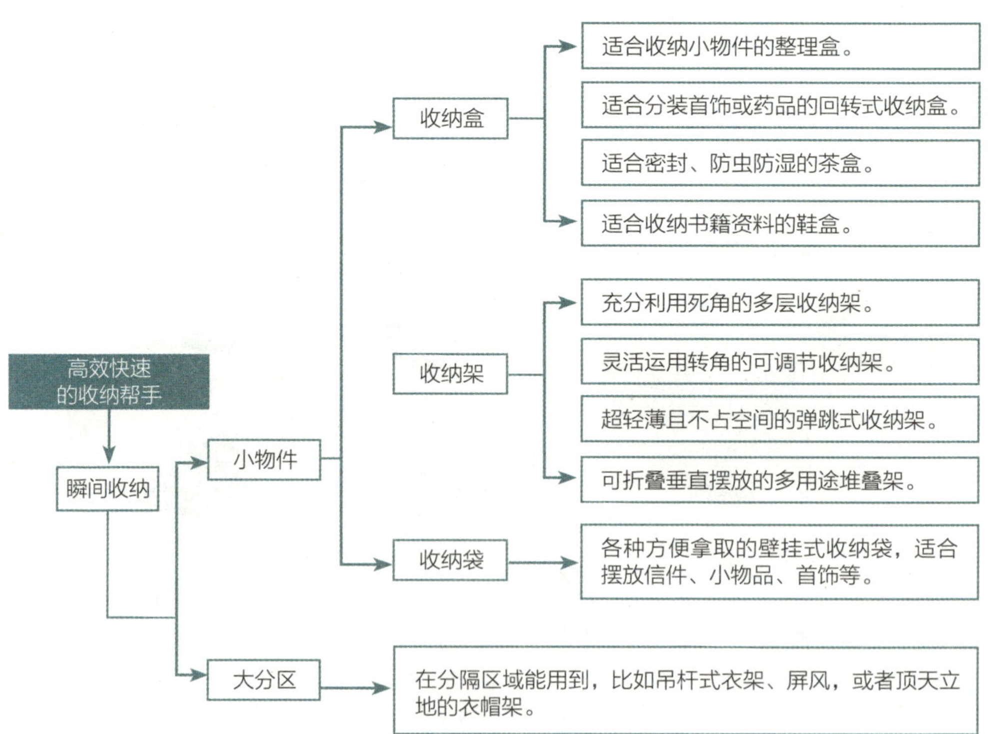

方法二　聚会结束后快速收纳的好方法

聚会结束以后，最需要收拾的有三个区域：一是桌面，二是地面，三是厨房。这三个区域看上去是一个庞大的工程，如何快速完成收纳，不让朋友聚会变成一件烦心事呢？

第一步　桌面餐具的清洁

在清洗之前，先用饭勺或者刮刀将碗和盘子里残留的固体食物垃圾和油渍清理一遍，这样不仅减少洗洁精的使用，而且在清洗的时候更加快速。最简单的办法是，先用纸巾将所有餐具擦一遍，然后再入水洗。

切忌将有油渍的碗堆叠摆放在一起，避免弄脏碗的外侧，不得不花费更多的时间来清洁。

第二步 地面灰尘的清洁

朋友来了，难免会增多室内的灰尘，所以聚会结束后使用这种可喷水的拖布就免去了频繁去卫生间洗抹布的麻烦。在清洁时控制出水量，顺着地板的纹理进行清洁，能够提速 50%。

小贴士：切记拖地时不走回头路，每平方米的清洁时间为 15 秒左右，小户型餐厅基本上 5 分钟就能完成聚会后的地面清洁工作。

第三步 厨房区域的清洁

利用沥水架，每清洗一类物品，陈列摆放，以避免聚会结束后大面积堆积物品的二次整理工作。需要注意的是，在聚会前准备食材时，食材外皮的去除最好不要沾水，在清洗前就完成去皮工作，以便有效去除垃圾的异味。

小贴士：如果聚会人数比较多，建议选择冷餐和西式茶点，能避免聚会后大量的清洗工作。

第四步 使用净风机能帮助室内空气焕然一新

聚会中伙伴们的香水味、各自的体味，以及饭菜味……各种味道交织在空间中，相比清洁，最重要的是换风，在保持空气流通的同时，增强净风功能让空气焕然一新。

小贴士：将一条长约 10 cm 的小布条滴上两滴柠檬精油或者尤加利精油，能快速净化空气。

方法三　让家务变简单的更多好办法

比如，可移动收纳的手拎篮子，这样的小篮子适用于餐厨空间中，摆放各种调味品，方便家人、朋友用完后将多款调味瓶放回同一个地方。

让家务变简单的更多好办法	
家务问题	简单的好办法
屋子里一眼看上去很乱	将物品排放整齐，并按照大小分类摆放，给人留下“非常整齐”的初始印象
厨房操作台堆得乱七八糟	尝试将料理台附近的物品依墙摆放，尽量选择悬挂或者磁力吸附的方法
橱柜里的碗拿取不方便	重新调整位置，遵循“越往里越放大碗、高碗，越往外越放小碗、矮碗”的方式
清洁厨房油腻腻的污垢	将碱溶于水中，然后将稀释后的碱水涂抹在油腻腻的厨房污垢上，大约等待 3 分钟（油垢越厚，等待时间越长），再用清水洗涤干净。用碱水清洗时需要戴上手套，避免灼伤皮肤
快速清洁洗碗机内部的霉菌	在盘子里放入 2 勺柠檬酸（具体用量需根据洗碗机的大小做适当增减），然后将盘子放入洗碗机中，启动设备，就会自动清洁洗碗机内部的各种污垢和霉菌了

独立设计师安生：我喜欢不一样的家，但不喜欢各种各样的麻烦，杂志里的家都太美了，美得一尘不染，我想要一个“脏乱差”的家，告诉我应该怎样优雅地变身。

春夏秋冬，我的百变厨房

不只是为了好看
生活就是实实在在的麻烦
人从一生下来，就在不断地解决麻烦
这一次，轮到厨房，要怎样百变、乱变
才能以“不变应万变”

方法一　如何处理油腻的春季厨房

春季，春暖花开，食欲大开，做油炸食品或者炒菜时，厨房的地面上会溅起非常多的油渍，黏糊糊的春季厨房一定大煞风景。在洗碗之后，顺便用喷雾器把烧酒喷洒在厨房的地面上，大约等待10分钟，就可以轻松地清除油渍了。

方法二 夏季厨房中一定要有的小帮手

夏季，从超市购买食物回到家中，冷冻的食物已经融化，再次放入冰箱里就成了二次冷冻，因此想要最大程度地保鲜，比较好的办法是利用冷藏袋。在夏季厨房的收纳中，增加冷藏袋的使用频率，即使不放入冰块也能在几小时之内维持内部较冷的温度。

小叮咛

如何制作冷藏收纳袋

第一步，按照购物袋的大小剪裁银箔内垫，同时对折，并留出一定比例，作为可翻扣的盖子。

第二步，利用透明胶带，将两侧粘好。

第三步，将制作好的内垫放入购物袋中，一个自制的冷藏收纳袋就做好了，下次出门随身携带。

方法三　如何拯救干燥的秋季厨房

秋季是一年中最干燥的季节，厨房也如此，中式厨房的油烟在这个时候变得更加“浓烈”，所以加大水池的湿度很重要。想要改变心情，可以在厨房中添置各种新鲜果蔬和绿植，最简单的办法是用水培植物加大空气湿度，同时，干燥空气中的污染物会引发过敏、哮喘、鼻炎等疾病，所以即便是厨房，也要保证每天通风。

小叮咛

相比完全开窗，只打开 10 cm 可获得更加优质的通风效果，形成更加强大的气流，特别是内外温差较大时，开小窗更有利于空气流动。

方法四　如何为冷冰冰的冬季餐厨空间升温

在冬季物品因为温度改变而变得冷冰冰的，所以需要给餐厨空间增加一些暖意，比如毛毡的灯罩或者软暖暖的棉花糖设计。当然，光秃秃的餐椅也要赶紧穿上过冬的毛衣或者垫子，这样季节温差的变化才不会如此强烈。

历史老师李俊河：我是一个不太喜欢回家的人，买的房子是精装修，虽然看上去很精致，但总觉得不太像自己的房子，但我实在不知道该怎样去改变。

小细节，体现不一样的气质

或许只需增加一些小东西
就能发现家与众不同的一面
那么，就从“简单”开始吧

方法一　利用小凳子，完成大任务

家有最廉价的进入方式，不用步步为营，也不用大刀阔斧。这里推荐以“小凳子”为主题的解决方案。或许你刚刚发现，原来小凳子还能完成如此“艰巨”的任务。希望大家举一反三，发现居住空间中更多细小的设计元素，提升空间品味，让你恋上“小家”。

1. 利用小凳子，拉伸储物高度

厨房的吊柜顶部空间虽然能被充分利用，但因为拿取不方便，所以要么形同虚设，要么灰尘满柜。其实，大可不必把顶部空间搞得那么紧张，只需要配合一个这样的小凳子，便可以把漂亮的餐具高高放上，同时想拿就拿。关键是这个小点子，是你自己想出来的。

小叮咛

重约 3 kg 的小梯凳较为结实，天然耐磨的材料保证经久耐用，小凳子表面的涂层非常重要，一定要选择更加防滑、耐磨的光漆涂刷。

2. 利用小凳子，将涂鸦板发挥到极致

对于成年人，1.6 ~ 2 m 的高度是视觉比较容易注意到的区域，然而想要在涂鸦板较高的位置上写下当日菜单或者注意事项，小凳子可以让字体变得更加优美。高高在上，轻松表达，而如果累了，坐在矮梯上，在较低的位置画一幅可爱的画作，对于孩子来说就更完美了。

小叮咛

选择可堆叠的小凳子，节省更多的空间，非常适合小户型使用。

3. 利用小凳子，提升浴室的便利度

这样的小凳子特别适用于干湿分区的空间。经过防潮处理的纯木质阶梯小凳，放在洗手池的边上，将常用物品放在篮筐中，摆在小凳上。洗手池上的储物尽量简单，恰恰成为一个非常不错的收纳延伸，也让浴室的使用变得非常方便。利用小凳子的分区形成一个固定的收纳区域，干净而整洁。

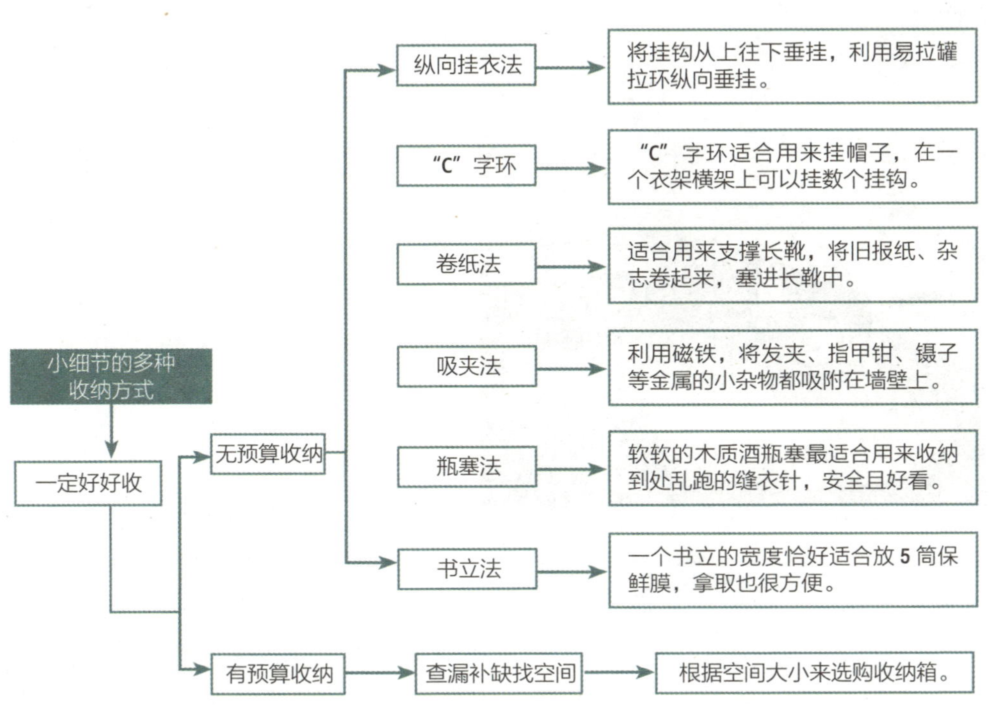

4. 利用小凳子，彻底做个懒人

犯懒，如何保持居住空间的井然有序呢？这是一门大学问，生活状态大致为1+1，但最终的答案是等于2、大于2还是小于2，这完全取决于你的智慧。做一个懒人，就是在居住空间中用一块空地，搭配一种收纳窍门的方式。比如，将小凳子若有若无地放在转角的空地，这样进、出门时都可以随手摆放物品。

5. 利用小梯凳，轻松地“高人一等”

有研究表明，卫生间的潮气大多集中在1 m以下，所以想要在洗澡时挂一件干净的衣服，一定要选择尽量高的地方。利用小梯凳，就可以轻松地“高人一等”，将换洗的衣物挂在高处，一上一下，还可以让空间充满层次感。

方法二　精致设计每一个抽拉的细节

设计抽拉的细节不仅是为了方便、好看，更为了让自己有一种满足感。心理学家发现，细节对人内心的影响力不可小觑。文艺范儿钟情者喜欢手感较粗糙的抽拉质地，而嘻哈族喜欢将圆滑的边缘制造出毛躁感，森女系的淑女则喜欢蕾丝或比较光滑的感觉……每个人都在细节中寻找自己的存在感。你找到最适合自己的细节了吗?

方法三　风格之外，方便是最低使用标准

对于实用主义者来说，没有什么能够取代“方便”在心目中的位置，为了“方便”，宁可放弃那些高高在上的浮夸。橱柜的反扣金属设计，满足了手指肚“四两拨千斤”的快感。或许在使用时，只是感觉到很方便，轻轻一抠，这么重的锅碗瓢盆都露一小脸，但其实这是一种不经意的愉悦感。生活不易，善待自己。

爱一个人，就是陪她一起做很多很多好吃的

幼儿教师李萌萌：我在国外生活了10年，特别向往大厨房的生活，回国后这个梦想肯定不能轻易实现，有什么好办法让我的厨房变大一些，可以全家一起做很多好吃的？

我想有个大厨房
让家里每个人都踊跃展现才能
做出各种各样的珍馐美味，不负味蕾、不负家人

方法一　让厨房变大 n 倍，需要有整体规划

房子无论是准备装修，还是已经居住了几年，重新规划厨房都非常有必要，正所谓“看一个家庭是否幸福，去厨房就知道了”。狭窄的厨房让操作变成一件头疼且繁重的事情，因为单位面积越小，所累积的事务越被无限地放大。因此，想要让厨房变大 n 倍，一起来了解下面的办法吧！

1. 充分利用 L 形转角

小户型的每个空间都不能放弃，特别是L 形转角。前文提到，不同种类的锅有不同的收纳方式，旋转内置也是 L 形转角的收纳技巧。除此之外，将 L 形转角设计为一个操作台，同时在墙面进行涂鸦，加入欢快的元素，不会做饭的家庭成员，也可以在小黑板上写下操作事宜便于参考，如此一来，小厨房变身大厨房！

2. “小士兵”收纳计划：一个一个排好队

把厨房里的每件物品都当作一个“小士兵”，利用抽屉内的多层分隔栏，将每位“小士兵”排放到适合的位置上，当然这必然增加收纳和再次清洁的时间，但却能让家人在每次拉开抽屉的时候保持心情愉悦。心理学家对这种秩序感和天然的规律性进行了一番有趣的描述，最近谈论得比较多的话题——幸福，其主要来源是意识的秩序感，人对于秩序感有一种与生俱来的安全认知，且在无意中提高生活的幸福指数。

3. 充分利用墙面收纳

对于更小的户型，烹饪用具随手可取是小厨房必须践行的收纳理念，更加简便，需要的面积也会更小。其实，在欧洲很多厨房都采用墙壁挂钩或者磁铁的方式，不仅方便拿取，而且节约居住者购置收纳物品的成本。如果觉得厨房乱七八糟、橱柜不够用，可以检查一下厨房墙面是否空空如也。

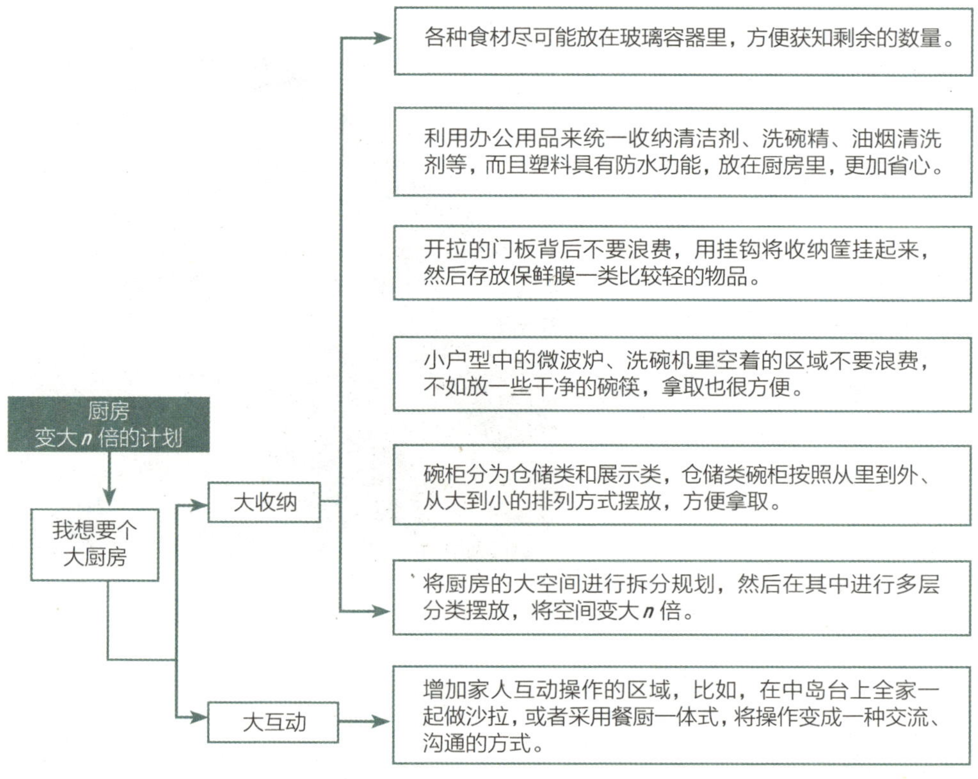

方法二　越挪越灵活，越变越大

在设计之初，多设一些留白，就好像空间会呼吸一样，不要把厨房设计得满满的，橱柜大约三层，78 cm 的高度对于一般的留白空间都能够轻松嵌入。可以采用手推车，非常方便、自由，既可以放在厨房里用于日常储物，也可以挪到餐厅中作为特殊的装饰物，灵活的轮子可以让它自由移动至任何你所期待的收纳区域。

小叮咛

手推车的中间搁板可调节，收纳分布均匀，满足各种高度。

方法三 围绕餐桌设计的聊天区域

如果户型很小，但有多人居住，不妨取消客厅的设计，将所有聚会围绕餐桌展开，采用靠墙或可延伸的桌面，让日常使用变得更加方便。植物的装饰元素让区域变得活跃起来，同时营造出舒适的氛围。这样的小桌子对于小户型的餐厅是必不可少的，无论是独自居住还是多人生活，都可以成为生活的好帮手。

方法四　周末约朋友一起用餐

平日多一些简餐，周末约朋友或邻居共同做一顿美食，并非单纯的宴请，而是一起完成制作的过程，因此，餐具的摆放尽量方便所有人拿取。与朋友一起定制菜谱，在周五提前选备齐全，周末根据菜谱来配置对应的厨具、安排菜品的顺序，同时为朋友下厨做好充分准备。

小叮咛

最好用不同的刷子来清洗菌类和蔬菜

为了加快清洗速度，用刷子是个不错的选择，在聚餐中，食材的清洁是个大工程，所以选择合适的刷子能够事半功倍。

图书在版编目（CIP）数据

好想住文艺风的家．厨卫设计与软装搭配 / 夏然编著．-- 南京 ：江苏凤凰科学技术出版社，2018.5
ISBN 978-7-5537-9148-7

Ⅰ．①好… Ⅱ．①夏… Ⅲ．①厨房-室内装饰设计-图集②卫生间-室内装饰设计-图集 Ⅳ．①TU241-64

中国版本图书馆CIP数据核字(2018)第072231号

好想住文艺风的家　厨卫设计与软装搭配

编　　著	夏　然
项目策划	凤凰空间／刘立颖
责任编辑	刘屹立　赵　研
特约编辑	刘立颖
出版发行	江苏凤凰科学技术出版社
出版社地址	南京市湖南路1号A楼，邮编：210009
出版社网址	http：//www.pspress.cn
总　经　销	天津凤凰空间文化传媒有限公司
总经销网址	http：//www.ifengspace.cn
印　　刷	天津市豪迈印务有限公司
开　　本	710 mm×1 000 mm　1／16
印　　张	8.5
字　　数	108 000
版　　次	2018年5月第1版
印　　次	2023年3月第2次印刷
标准书号	ISBN 978-7-5537-9148-7
定　　价	49.80元
